普通高等教育"十三五"规划教材

兽医临床诊断学实验指导

贺建忠　主编

中国林业出版社

内容简介

本书是动物医学专业主干课程兽医临床诊断学的实验教材，共有 16 个实验，其中临床基本检查法实验 4 个，系统检查法实验 9 个，临床操作技术实验 2 个，兽医文书实验 1 个。本书的主要特色在于每个实验均提炼了必需的考核项目，并建立了考核评分标准。本书主要供动物医学专业本科生使用，同时可供兽医及其相关工作人员参考使用。

图书在版编目（CIP）数据

兽医临床诊断学实验指导/贺建忠主编．—北京：中国林业出版社，2017.5（2024.1 重印）
普通高等教育"十三五"规划教材
ISBN 978-7-5038-9012-3

Ⅰ. ①兽… Ⅱ. ①贺… Ⅲ. ①兽医学－诊断学－高等学校－教学参考资料 Ⅳ. ①S854.4

中国版本图书馆 CIP 数据核字（2017）第 107461 号

中国林业出版社·教育分社

策划编辑：高红岩　　责任编辑：高红岩
电话：(010) 83143554　　传真：(010) 83143516

出版发行	中国林业出版社（100009　北京市西城区德内大街刘海胡同 7 号）
	E-mail: jiaocaipublic@163.com　电话：(010) 83143500
	http://lycb.forestry.gov.cn
经　销	新华书店
印　刷	三河市祥达印刷包装有限公司
版　次	2017 年 5 月第 1 版
印　次	2024 年 1 月第 4 次印刷
开　本	850mm×1168mm　1/16
印　张	6.25
字　数	130 千字
定　价	20.00 元

未经许可，不得以任何方式复制或抄袭本书之部分或全部内容。

版权所有　侵权必究

前 言
Preface

随着我国执业兽医制度的推行,参考欧美兽医的培养模式,动物医学专业培养"会看病的兽医师"已经逐渐成为国内各大农业院校的普遍共识。"会看病""兽医师"均蕴含着较强的动手实践能力,这是针对过去所培养的动物医学专业学生兽医临床实践能力较差而提出的新目标。基于该目标,课程教学模式尤其是实验课程教学模式必须进行转变,才能与之相适应。兽医临床诊断学作为动物医学专业的一门主干课程,是联系专业基础课和兽医临床课的纽带,是兽医由专业理论迈向临床实践的桥梁,可以说没有正确的诊断就没有有效的治疗和预防,也就不可能成为"会看病的兽医师"。因此,兽医临床诊断学的实验教学必须率先改革,以身垂范,才能带动动物医学专业其他主干课程的全面改革和推进。

《兽医临床诊断学实验指导》的编写体系,既沿用了传统的结构,又启用了新的模式,在实践技能的培养上针对性更强,在诊疗思维的锻炼上更为有效。本教材按照实验动物、实验器械、实验目的与要求、实验方法、考核内容、考核标准及实验报告7个方面进行编写,其中前4项继承了传统实验指导编写体系,第5项和第6项为本书的创新。考核内容的提炼是在多年教学经验和临床诊疗分析基础上筛选出来的,其目的就是让学生必须掌握这些基本的技能,以便更好地为临床诊疗服务。考核标准是针对考核内容给出的详细评分细则,便于学生掌握技术要领,同时利于教师进行实践技能考核。该思路是借鉴"全国大学生动物医学专业技能大赛"而形成的,对实验技能的考核有着十分重要的指导意义。兽医临床诊断学实验报告的撰写与其他动物医学专业课程不同,易于流于形式而不易准确把握。通常情况下,实验报告仅是实验指导书的摘抄,缺乏有效的分析,因为兽医临床诊断学实验均以健康动物为实验对象,只能在方法上模仿,而不能在病例分析上深入。鉴于此,坚持传统的实验报告模式,难以收到应有的效果。为此,将实验报告改为回答与实验内容相关的深层次问题,既有利于诊疗思维的锻炼,又有利于兽医思想的深化。

前言

考核标准强化实践，实验报告锻炼思维，二者有效结合，是本书最大的特色。

本书由贺建忠老师担任主编，王永老师和陈宏伟老师担任副主编。其中，实验一至实验十一，由贺建忠副教授编写；实验十四和实验十五由王永副教授编写；实验十二、实验十三和实验十六由陈宏伟老师编写；由贺建忠副教授统稿。全书得到了原华中农业大学教授、现塔里木大学特聘教授郭定宗老师的审阅，并提出了许多中肯的意见和建议，在此表示由衷感谢。本书的出版得到了"国家级动物医学实验教学中心"建设项目和"塔里木大学兽医学重点学科"建设项目的资助。

本书可作为兽医临床诊断学实验教材，同时可作为兽医及其相关工作人员的参考用书。本书在编写过程中不断完善，力求与兽医临床诊断学实验教学相吻合，但限于编写者水平有限，错误和疏漏之处在所难免，敬请广大读者批评指正，以便再版时修正。

编　者

2017 年 4 月

目录

Contents

前言

实验一　动物的接近与保定 …………………………………………………………（1）

实验二　兽医临床基本检查法 ………………………………………………………（9）

实验三　整体状态的检查 ……………………………………………………………（14）

实验四　体温、脉搏和呼吸数的测定 ………………………………………………（18）

实验五　心血管系统的检查 …………………………………………………………（22）

实验六　呼吸系统的检查 ……………………………………………………………（26）

实验七　消化系统的检查 ……………………………………………………………（31）

实验八　直肠检查 ……………………………………………………………………（36）

实验九　泌尿系统的检查 ……………………………………………………………（40）

实验十　生殖系统的检查 ……………………………………………………………（44）

实验十一　神经系统的检查 …………………………………………………………（48）

实验十二　头部与颈部的检查 ………………………………………………………（52）

实验十三　脊柱与肢蹄的检查 ………………………………………………………（56）

实验十四　注射法与穿刺术 …………………………………………………………（60）

实验十五　投药法与灌洗术 …………………………………………………………（79）

实验十六　处方的开具与书写 ………………………………………………………（87）

参考文献 ………………………………………………………………………………（91）

实验一　动物的接近与保定

【实验动物】

牛 2 头，驴 2 头或马 2 匹，羊 1 只，犬 1 只。

【实验器械】

保定绳、耳夹子、鼻捻子、牛鼻钳、保定栏。

【实验目的与要求】

1. 掌握接近动物的方法，树立人畜安全观念。
2. 掌握几种常见保定绳结的打法，了解不同材质绳索的特性。
3. 掌握牛和马属动物的保定方法，了解其他动物的保定方法。

【实验内容】

1. 绳索的材质与常用保定绳结的打法。
2. 动物的接近方法。
3. 动物的保定方法。

【实验方法】

一、常用保定绳结

1. 八字解结

该结操作简单，易结易解，缺点是不够牢固，仅适用于动物的临时拴系（图 1-1）。

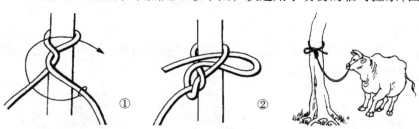

图 1-1　八字解结

2. 畜结

畜结应用比较广泛，不仅可以用于动物保定，还可以应用于消防和救灾等领域。该结的要点是一定要紧贴结系物(如柱子),否则牢固性极差(图1-2、图1-3)。

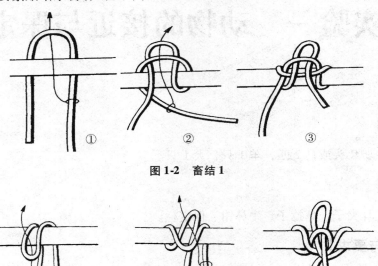

图 1-2　畜结 1

图 1-3　畜结 2

3. 套马结

该结完成后为一活套,越抽越紧,适合于投套动物。结系该结时,需选择摩擦力较大的绳索,否则容易松散(图1-4)。

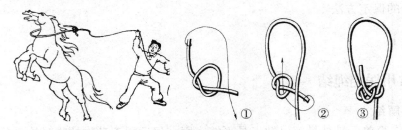

图 1-4　套马结

4. 码头结

该结原用于码头,用来结系固定船只。在畜牧兽医行业,也可用来拴系动物。该结越抽越紧,但要解开时却十分方便(图1-5)。

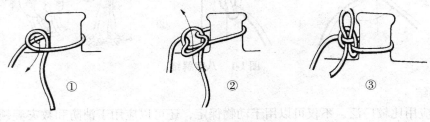

图 1-5　码头结

5. 猪蹄结

该结在兽医临床上应用较广,一般多用于动物肢蹄的保定。该结有多种结法(图1-6)。

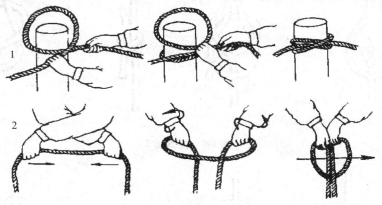

图1-6 猪蹄结

6. 拴马结

该结的最大特点是结环固定、不易变形,适用于保定动物脖颈,避免因牵拉、反抗等原因造成动物窒息(图1-7)。

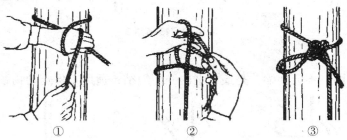

图1-7 拴马结

7. 接绳结

在兽医临床上,当需要更长的绳子时,需将两根及其以上的绳子连接起来,以满足保定需要。再坚固的绳结也没有原来完整绳索的张力,因此,接绳结要求尽可能选用确实、牢固的绳结(图1-8~图1-10)。

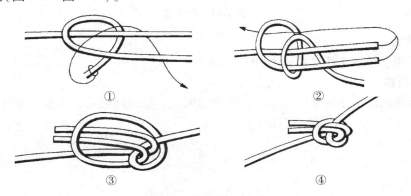

图1-8 接绳结1

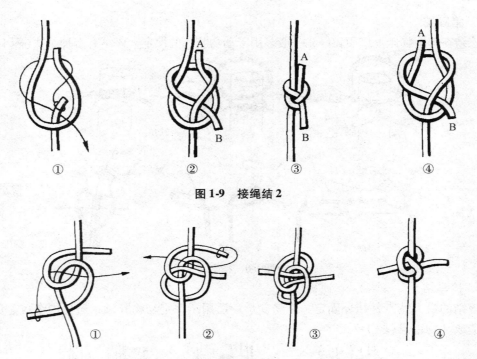

图 1-9 接绳结 2

图 1-10 接绳结 3

8. 称人结

该结绳环牢固，不会伸缩，是最古老的一种绳结，适用于保定动物颈部（图 1-11）。

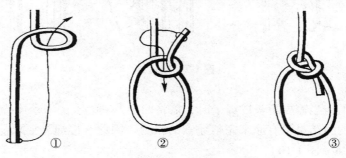

图 1-11 称人结

9. 野营结

该结适用于结系于环形物体上（图 1-12）。

10. 双扣结

该结由猪蹄结变化而来，用于固定动物的两肢。抽紧绳结后，再加一个平结（外科手术中称为方结），十分牢固（图 1-13）。

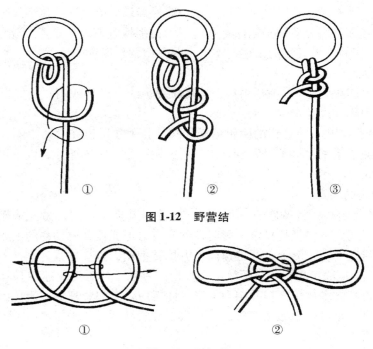

图 1-12 野营结

图 1-13 双扣结

二、动物的接近方法

（1）接近动物是进行临床检查的第一步，缺乏对动物的近距离检查，必然会遗漏大量诊断信息，造成诊断上的困扰或误诊。大部分动物对陌生人具有很强的警惕性和防范心理，因此在接近动物时要小心谨慎，循序渐进，切不可猝然临近，以免造成人畜伤害。

（2）不同种类的动物，习性不同；即使同一种类动物，脾性也往往相差深远。因此，在接近动物之前，要充分了解动物习性，做好应对措施。接近任何动物，首先应进行友好示意，之后慢慢靠近，靠近后先轻轻抚摸动物，待其处于安静和温顺状态，再进行检查。

（3）接近动物时，要注意观察动物的神态，确定其是否有攻击意图。牛的低头凝视、马的竖耳、喷鼻、犬的龇牙、吠叫、猫的喵叫、竖毛、猪的斜视、翘鼻，都是攻击或不友好的信号，应加倍小心。

（4）在接近未保定的大动物时，最好从侧前方缓慢接近，同时密切注意动物的反应，如马的突然转身、前咬或后踢等。即便动物在保定栏内，也要注意牛的侧踢、马属动物的后踢和撕咬等。牛一般不会向后正踢，但凡事均有例外，不能大意。

（5）作为未来的兽医，需要胆大心细，为了人畜安全，不能有丝毫大意，但也不能因此过于谨小慎微、战战兢兢，使临床检查流于形式。

三、动物的保定方法

动物保定的方法大体上可以分为两种，一种是物理保定法，另一种是化学保定法。物理保定法是指利用绳索、器械或柱栏，限制动物的活动以利于达到检查目的的一种保定方法。该法简单、易于操作、风险小，适用于一般检查或简单处理。化学保定法主要是利用药物如镇静剂或麻醉剂对动物实施保定，适用于精细检查或外科手术。化学保定法在《兽医外科手术学》实验中有详细的论述，本书主要介绍物理保定法。

1. 牛的保定

（1）徒手保定法：用一手抓住牛角，然后拉提鼻绳、鼻环或用一手的拇指和食指或中指捏住牛的鼻中隔加以固定。

（2）牛鼻钳保定法：将鼻钳的两钳嘴抵入两鼻孔，并迅速夹紧鼻中隔，用一手或双手握持，也可用绳子系紧钳柄予以固定。注意：鼻钳一定要牢牢抓住，以免甩脱后砸伤旁边的助手或其他人。

2. 马属动物的保定

（1）鼻捻子保定法：将鼻捻子的绳套套入一手上并夹于指间，另一手抓住笼头，持有绳套的手自鼻梁间向下轻轻抚摸至上唇时，迅速有力地抓住马属动物的上唇，此时另一只手离开笼头，将绳套套于唇上，并迅速向一方捻转把柄，直至拧紧为止。

（2）耳夹子保定法：先将一只手放于马耳后的颈侧，然后迅速抓住马耳，以持夹子的另一只手迅速将耳夹子放于耳根并用力夹紧，此后应一直握紧耳夹，避免因骚动、挣扎而使夹子脱手甩出。也可一手抓住笼头，另一只手拧紧马耳做徒手保定。

3. 柱栏保定

柱栏保定适用于大动物的临床检查或治疗，可分为单柱栏保定、二柱栏保定、四柱栏保定和六柱栏保定等。

（1）单柱栏保定法：将缰绳系于立柱或树木上，用颈绳或直接用缰绳，对马属动物进行绕颈结系固定。对牛可绕两角后进行结系固定。该法多应用于野外、室外或紧急情况，操作简单，但保定不够确实。

（2）二柱栏保定法：先将动物引至柱栏的一侧，并令其靠近柱栏，之后将缰绳系于柱栏横梁前端的铁环上，再将脖绳系于前柱上，最后缠绕围绳及吊挂胸绳和腹绳。

（3）四柱栏或六柱栏保定法：保定栏内备有胸革和臀革（或用扁绳代替）、肩革（带）及腹革（带），前者是保定栏内必备的，而后者可依检查目的及被检查动物的具体情况而定。保定时，先挂好胸革，将动物从柱栏后方引进，并把缰绳系于某一前柱上，挂上臀革，一般情况下，即可对动物进行临床检查。对某些检查，如检查或处置口腔、阴囊等处，可按需要同时利用两前柱固定头部（同时系好肩革）或两后柱固定后肢。如需进行直肠检查，需要上好腹革和肩革，将尾向侧方上举进行固定。

4. 羊的保定

一般检查时，可用两臂在羊的胸前及股后围抱即可固定；必要时，用手握住两角或两耳，使头部固定；也可用两膝夹住羊颈部或背部加以固定。

5. 犬的保定

（1）握耳保定法：小型犬用一手或两手握住犬两耳及头顶部皮肤即可；大型犬在抓住耳及头顶皮肤的同时可骑在犬背上，两腿夹住胸部。

（2）口笼或绷带保定法：可给犬戴口笼或口网，也可以用绷带进行保定，方法是将绷带先放入犬齿后，绕至上颌缠系，然后向下缠绕至下颌系住后，再后绕至耳后颈部系紧。

(3) 提举后肢保定法：助手或畜主确实保定住犬的头部，检查者握住两后肢，倒立提起后躯，并用腿夹住颈部。

　　(4) 四肢捆绑固定法：分别握住犬一侧的前后肢，将前臂和小腿合并在一起用猪蹄结或双扣结捆绑固定，另一侧前后肢以同样的方法固定。

【考核内容】

1. 猪蹄结、畜结和拴马结的打法。
2. 牛或马属动物的接近。
3. 牛鼻钳保定、鼻捻子保定和耳夹子保定。

【考核标准】

表1-1　考核标准（实验一）

序号	考核内容	评判标准	分值	得分
1	猪蹄结 （30分）	打结手法正确	10	
		打的结正确	10	
		打结动作熟练	10	
	畜结 （30分）	打结手法正确	10	
		打的结正确	10	
		打结动作熟练	10	
	拴马结 （40分）	打结手法正确	15	
		打的结正确	15	
		打结动作熟练	10	
2	动物的接近 （100分）	从动物的左前方接近	15	
		接近动物之前，向动物友好示意或打招呼	20	
		接近时，慢慢靠近动物	15	
		靠近动物后，轻轻抚摸动物，促使其安静	20	
		注意观察动物的神态，确定其是否有攻击意图	15	
		接近动物整个过程流畅，检查者胆大心细	15	
3	牛鼻钳保定法 （100分）	检查者双手持牛鼻钳，呈打开状态	25	
		趁助手拍打牛眼之际，检查者迅速将鼻钳的两钳嘴抵入牛的两鼻孔，并夹紧鼻中隔	25	
		用一手或双手握持	25	
		握持牢固，无甩脱	25	
4	鼻捻子保定法 （100分）	将鼻捻子的绳套套入一手上，并夹于指间	20	
		另一手抓笼头	15	
		持有绳套的手自鼻梁间向下轻轻抚摸至上唇时，迅速有力地抓住马属动物的上唇	20	
		另一只手离开笼头，将绳套套于唇上	15	
		并迅速向一方捻转把柄，直至拧紧	15	
		保定确实，人畜安全	15	

(续)

序号	考核内容	评判标准	分值	得分
5	耳夹子保定法 （100分）	将一只手放于马耳后的颈侧	25	
		迅速抓住马耳	25	
		以持夹子的另一只手迅速将耳夹子放于耳根并用力夹紧	25	
		握紧耳夹，保定确实，人畜安全	25	

【实验报告】

1. 不同家畜的接近应遵循什么原则？
2. 试分析动物保定对临床检查的意义。

实验二 兽医临床基本检查法

【实验动物】

牛2头，驴2头或马2匹。

【实验器械】

听诊器、叩诊器、手电筒、保定绳。

【实验目的与要求】

1. 掌握问诊、视诊、触诊、听诊、叩诊和嗅诊6种检查方法及其注意事项。
2. 理解6种基本诊断方法对疾病诊疗的意义。
3. 了解6种基本诊断方法在临床上的具体应用。

【实验内容】

1. 问诊的内容、方法及其注意事项。
2. 视诊的内容、方法及其注意事项。
3. 触诊的内容、方法及其注意事项。
4. 叩诊的内容、方法及其注意事项。
5. 听诊的内容、方法及其注意事项。
6. 嗅诊的内容、方法及其注意事项。

【实验方法】

一、问诊

问诊就是向畜主或饲养管理人员调查、询问、了解畜群或病畜有关发病的一切可能情况，为疾病诊断提供方向或思路。一般在临床检查前进行问诊，也可以一边检查一边问诊，或在检查之后进行更加深入的问诊。

1. 内容和方法

(1) 病史：主要指本次发病之前的患病史，目的在于判断动物是否"老毛病又犯了"，为快速诊断提供线索和依据。

(2) 现病历：主要询问本次发病的相关情况，包括发病的时间、地点、主要表现；发病的可能原因，同群动物有无发病，发病情况如何；有没有经过治疗，经过哪些治疗，用过哪些药物，治疗的效果如何等。

(3)饲养管理情况：主要询问饲料来源、保存及加工情况，饲喂制度，饲养模式，饲养环境等。

2. 注意事项

(1)语言要通俗，态度要和蔼，努力使畜主或饲养管理人员配合。

(2)问诊要有重点，切记重复和啰唆。

(3)对问诊得到信息不可全信，也不能不信，要进行深入分析，去伪存真，最终得到对诊断有用的信息。

(4)不能完全依赖于问诊，要结合其他基本诊断法进行综合分析，必要时可进一步进行实验室检查和特殊检查。

二、视诊

视诊通常是用肉眼直接观察被检动物的状态，必要时，可利用各种简单器械做间接视诊。视诊是最重要的检查方法，可以了解病畜的一般情况和判明局部病变的部位、形状、大小，为进一步进行其他检查提供线索和依据。

1. 内容和方法

(1)直接视诊：先让病畜保持自然状态，检查者在动物左前方 1～1.5m 处，首先观其全貌，然后由前往后、从左到右、边走边看；观察病畜的头、颈、胸、腹和四肢。当在动物正后方时，应注意尾、肛门及会阴部；并对照两侧胸、腹是否对称；为了观察运动和步态，在条件允许的情况下，可做牵遛；最后接近动物，对可疑部位进行仔细检查。

(2)间接视诊：根据需要做适当保定，并选择适当的器械进行辅助，以利于更好地视诊。具体内容在后续实验中讲解。

2. 注意事项

(1)对于刚来就诊的病畜，应让其休息片刻，并安抚其情绪，待平静之后再进行相关检查。

(2)最好在自然光下检查。

(3)视诊要仔细，不放过任何可疑线索，但不能只根据视诊就武断地下诊断结论，应结合其他检查结果，客观分析和判断。

三、触诊

触诊是指用手感知动物病变部位的温度、适度、形状、大小、敏感性等，用以判断疾病的性质。

1. 内容和方法

(1)体表温度和湿度：一般用手背触诊，有时候也使用手指和手掌。体表温度多与体温或局部病变有关，而湿度主要和汗腺分泌有关。

(2)局部肿胀：用手指进行按压或揉捏，感知肿物的硬度、活动性和敏感性等，并以此判断肿物的性质。

(3)敏感性：所谓敏感性就是动物对刺激的疼痛反应。敏感性增高，动物会出现躲闪或反抗行为。

（4）深部触诊：对内脏器官可加大力量进行深部触诊，如对肝脏边缘进行切入触诊，对胃肠状态进行冲击触诊，对肾脏进行按压触诊等。

（5）间接触诊：某些空腔器官可借助简单器械进行间接触诊，很多实质器官也可以通过直肠进行间接触诊。

2. 注意事项

（1）触诊时应注意人畜安全，必要时对动物进行保定。

（2）触诊动物四肢、胸下、腹下等部位时，一手放在病畜的适宜部位做支点，一手进行检查。

（3）触诊应先从健康部位开始，逐渐过渡到欲检部位，同时密切注意动物的反应。切忌直接触诊病变部位。

（4）检查病变部位的敏感性，应遵循"先健后病，先远后近，先轻后重，病健对比"的原则。

（5）不能使用能引起病畜疼痛或妨碍病畜表现反应动作的保定方法。

四、叩诊

叩诊是敲打动物体表的某一部位，根据产生音响的性质，来推断内部器官的病理变化或某器官的投影轮廓。

1. 内容和方法

（1）直接叩诊：用手指或叩诊锤直接向动物体表的一定部位叩击，根据音响的性质来判断其内容物性状、含气量和紧张度。

（2）间接叩诊：主要适用于肺脏、心脏和胸膜腔的检查，也可以检查肝、脾的大小和位置。可分为指指叩诊和锤板叩诊。

指指叩诊主要用于中、小动物的叩诊。通常以左手的中指紧密地贴在检查部位上，用由第二指关节处呈90度屈曲的右手中指做叩诊锤，并以右腕做轴，上、下摆动，用适当的力量垂直地向左手中指的第二指节处进行叩击。

锤板叩诊是指用叩诊锤和叩诊板进行叩诊，通常适用于大动物。一般以左手持叩诊板，将其紧密地放于检查的部位上，用右手持叩诊锤，以腕关节做轴，使锤上、下摆动并垂直地向叩诊板上连续叩击2~3次，以听取其音响。

2. 注意事项

（1）叩诊板应紧密地贴于体壁的相应部位上，对消瘦动物应注意将其横放于两条肋骨上。

（2）叩诊板勿用强力压迫体壁，除叩诊板外，其余手指不应接触动物体壁，以免影响震动和音响。

（3）叩诊锤应垂直地叩在叩诊板上，叩诊锤在叩打后应很快地离开叩诊板。

（4）为了均等地掌握叩诊用的力度，叩诊的手应以腕关节做轴，轻松地上下摆动进行叩击，不应强加臂力。

（5）在相应部位进行对比叩诊时，应尽量做到叩诊的力量、叩诊板的压力以及动物体位等都相同。

(6)叩诊锤的胶头要注意及时更换,以免叩诊时发生锤板的特殊撞击音而影响准确的判断。

五、听诊

听诊是听取病畜某些器官在活动过程中发生的声音,借以判断其病理变化的方法。心血管系统、呼吸系统和消化系统均可进行听诊,用以判断其功能和状态。

1. 内容和方法

(1)直接听诊:先于动物体表放一听诊布,然后用耳直接贴于动物体表的欲检部位进行听诊。该法不借助器械,简单易行,但是效果较差,同时也不太安全。

(2)间接听诊:应用听诊器进行听诊,可听取心脏搏动音、肺泡呼吸音、支气管呼吸音和胃肠蠕动音等,听诊时注意判断其频率、节律和强度等。

2. 注意事项

(1)应在安静的室内进行,以排除外界音响干扰。

(2)听诊器两耳塞与外耳道相接要松紧适当,过紧或过松都影响听诊的效果。

(3)听诊器的集音头要紧密地放在动物体表的检查部位,并要防止滑动。

(4)听诊器的胶管不要与手臂、衣服、动物被毛等接触和摩擦,以免产生杂音,影响正常听诊。

(5)听诊时要聚精会神,并同时要注意观察动物的活动与动作,如听诊呼吸音时要注意呼吸动作,听诊心脏时要注意心搏动等。

(6)听诊胆怯易惊或性情暴烈的动物时,要由远而近地逐渐将听诊器集音头移至听诊区,以免引起动物反应。听诊时仍须注意安全。

六、嗅诊

嗅诊是以嗅觉判断发自病畜的异常气味与疾病关系的方法。异常气味多来自皮肤、黏膜、呼吸道、呕吐物、排泄物、脓液等病理产物。

1. 内容和方法

嗅诊主要内容为排泄物、分泌物和呼出的气体。嗅诊时检查者用手将病畜散发出的气味扇向自己的鼻部,然后仔细地判断气味的性质。

2. 注意事项

(1)呼出的气体或尿液有烂苹果味(酮味),见于牛和羊的酮血症。

(2)呼出的气体和鼻液有腐败气味,见于呼吸系统坏疽性病变。

(3)呼出气体和消化道内容物有大蒜味,见于有机磷中毒。

(4)粪便带有腐败臭味,见于消化不良或胰腺功能不足。

(5)阴道分泌物化脓、有腐败臭味,见于子宫蓄脓或胎衣停滞。

【考核内容】

1. 视诊。
2. 触诊。

3. 叩诊。
4. 听诊。

【考核标准】

表 2-1　考核标准（实验二）

序号	考核内容	评判标准	分值	得分
1	视诊 （100分）	让病畜保持自然状态	12.5	
		站在动物左前方 1~1.5m 处	12.5	
		观察动物全貌	12.5	
		由前往后、从左到右、边走边看	12.5	
		观察病畜的头、颈、胸、腹和四肢	12.5	
		观察尾、肛门及会阴部	12.5	
		观察胸、腹的对称性	12.5	
		观察动物站立的姿势	12.5	
2	触诊 （100分）	用手背或手掌触诊体表温度和湿度	20	
		对局部肿胀进行按压或揉捏	15	
		冲击触诊胃肠，判断其状态和敏感性	20	
		切入触诊，判断肝、脾边缘的状态	15	
		遵循"先健后病、先远后近、先轻后重，病健对比"的触诊原则	15	
		触诊动物四肢、胸下、腹下等部位时，一手放在病畜的适宜部位做指点，一手进行检查	15	
3	叩诊 （100分）	左手持叩诊板	12.5	
		将其紧密地放于检查的部位上	12.5	
		用右手持叩诊锤，以腕关节做轴	12.5	
		叩诊得有节奏、有力度	12.5	
		叩诊胸部，叩诊板放于两肋间隙	12.5	
		能够正确叩诊出清音、浊音和鼓音	12.5	
		除叩诊板外，其余手指未接触叩诊部位	12.5	
		运用腕关节的摆动进行叩诊，而未动用臂力	12.5	
4	听诊 （100分）	听诊器佩戴正确，耳塞与耳道相适应	25	
		集音头放于动物体表，无滑动	25	
		听诊器胶管、手臂和衣服等未与皮肤和被毛产生杂音	25	
		听诊的同时，注意观察动物的反应，有安全意识	25	

【实验报告】

1. 视诊为什么处于"六诊"之首？
2. "六诊"之间有无内在的联系？

实验三　整体状态的检查

【实验动物】

牛2头，驴2头或马2匹。

【实验器械】

保定绳、手电筒。

【实验目的与要求】

1. 掌握全身状态、被毛和皮肤、可视黏膜、浅表淋巴结的检查方法。
2. 理解整体状态检查在疾病诊断中的意义。

【实验内容】

1. 全身状态的检查。
2. 被毛和皮肤的检查。
3. 可视黏膜的检查。
4. 浅表淋巴结的检查。

【实验方法】

一、全身状态的检查

1. 精神状态

精神状态检查主要观察病畜的神态，根据其耳、眼的活动，以及面部表情和各种反应、动作而判断。健康动物头耳灵活，眼光明亮，反应迅速，行动敏捷，被毛柔顺、有光泽，幼畜活泼好动。

（1）精神抑制：一般表现为头低耳耷，眼半闭，行动迟缓或突然站立，对周围环境刺激反应迟钝。严重者出现嗜睡或昏迷。

（2）精神兴奋：通常表现为左顾右盼，惊恐不安，竖耳刨地等。严重者表现为不顾障碍地前冲、后退、狂躁不驯或挣脱缰绳等。最为严重者，攻击人畜。

2. 营养状况

营养状况主要依据肌肉的丰满度、被毛的光滑度和皮下脂肪的充盈度而定。营养良好的动物，肌肉丰满，被毛柔顺、有光泽，骨骼棱角不显露。

（1）营养不良主要表现为消瘦，骨骼棱角显露，被毛粗乱、无光泽，皮肤缺乏弹性。

（2）营养状态可依据评价标准分为营养良好、营养中等、营养不良和营养过剩4种。评价营养状况是疾病诊疗的重要内容。

3. 体格发育

体格发育主要依据骨骼的发育程度及躯体的大小而定，要注意观察动物头、颈、躯干及四肢、关节各部的发育情况及其形态和比例关系。发育良好的动物体躯高大且与年龄相符，肌肉结实，结构紧凑，各部位比例适当。

（1）发育不良表现为躯体矮小，发育程度与年龄不相符。幼龄动物表现为发育迟缓甚至发育停滞。

（2）患病动物表现为躯体左右不对称，各部位比例失调。

4. 姿势与步态

健康动物的姿态自然，腰背平直，四肢直立。马大部分时间处于站立状态，常交换歇其后蹄，偶尔卧下，但闻吆喝声即起。牛站立时常低头，食后喜四肢集于腹下而卧，站起时先起后肢，动作缓慢。

（1）全身僵直：表现为头颈伸直，肢体僵硬，四肢不能屈曲，尾根挺起，呈木马姿势，见于破伤风、士的宁中毒等。

（2）站立姿势异常：病马两前肢交叉站立而长时间不换姿势，见于脑室积水；病畜单趾悬空或不敢负重，见于跛行；病畜两后肢后踏、两后肢前伸集于腹下，见于蹄叶炎。

（3）站立不稳：躯体歪斜或四肢叉开，依墙壁而站立，见于李氏杆菌病等。

（4）骚动不安：马属动物表现为前肢刨地，后肢踢腹，回视，伸腰摇摆，时起时卧，起卧滚转或呈犬坐姿势等；牛通常只表现为后肢踢腹。

（5）异常躺卧姿势：牛呈曲颈伏卧或昏睡姿势，见于生产瘫痪；马呈犬坐姿势，后躯轻瘫，见于肌红蛋白尿症。

（6）步态异常：常见有各种跛行，步态不稳，四肢运动不协调或呈蹒跚、踉跄、摇摆、跌晃等共济失调症状。

二、被毛和皮肤的检查

1. 被毛的检查

主要通过视诊观察羽毛的清洁、光泽及脱落情况等。健康动物的被毛，平顺而富有光泽，每年春秋两季适时脱换新毛。

（1）患病动物被毛粗乱，失去光泽，易脱落或换毛季节推迟。皮肤病引起的脱毛最为常见，通常多见于螨病或真菌感染。

（2）被毛检查时，要注意被毛的污染情况，尤其要注意容易污染的部位，如体侧、肛门或阴门等部位。

2. 皮肤的检查

视诊主要检查皮肤的颜色和完整性，触诊主要检查皮肤的温度、湿度、弹性与肿胀等。

（1）颜色：皮肤苍白见于各种类型的贫血，皮肤黄染见于肝病、胆病或溶血性疾病，皮肤发绀见于缺氧性疾病，皮肤潮红见于充血性疾病。

(2)温度：温度通常用手背触诊。马可以触摸耳根、颈部及四肢；牛羊可检查鼻镜、角根、胸侧及四肢。

(3)湿度：可通过视诊和触诊进行，可出现出汗与干燥现象。

(4)弹性：检查皮肤弹性是判断机体脱水的重要方法。

(5)丘疹、水疱和脓疱：检查时要特别注意被毛稀疏处、眼周围、唇、蹄趾间等处。

3. 皮下组织的检查

皮下容易发生肿胀，检查时应注意肿胀部位的大小、形状，并触诊判断其内容物的性状、硬度、温度、活动性及敏感性等。

(1)皮下水肿：表面扁平，与周围组织界线明显，压之如生面团样，留有指压痕，较长时间不易恢复，触之无热、痛反应。

(2)皮下气肿：边缘轮廓不清，触诊时发出捻发音，压之有像周围皮下组织窜动的感觉。颈侧、胸侧、肘后的皮下气肿，多为窜入性，故局部为热痛反应。厌气性感染时，气肿局部有热、痛反应，且局部切开后可流出混有泡沫的腐败臭味液体。

(3)皮下积液：外形多呈圆形隆起，触之有波动感，可通过穿刺鉴别是脓肿、血肿、还是淋巴外渗。

(4)疝：触之有波动感，可触及疝环，肿胀内容物多数可以还纳回体腔。

三、可视黏膜的检查

主要观察眼结合膜的颜色变化。检查时，首先观察眼睑有无肿胀、外伤及眼分泌物的数量、性质。然后再打开眼睑进行检查。

1. 眼结合膜的检查方法

(1)牛：主要观察其巩膜的颜色及血管情况。检查时可一手握牛角，另一手抓住其鼻中隔并用力扭转其头部，即可使巩膜露出，也可用两手握牛角并向一侧扭转，使牛头偏向侧方。若检查眼结合膜，可用大拇指将上下眼睑拨开观察。

(2)马属动物：检查眼结合膜时，通常检查者站立于马属动物头一侧，一手持僵，另一手食指第一指关节置于上眼睑中央的边缘处，拇指放于下眼睑，其余三指屈曲放于眼眶上面作为支点，食指向眼窝略加压力，拇指同时拨开下眼睑，即可使结膜露出。

2. 检查内容

健康动物的结合膜呈淡红色或粉红色。发病时表现为潮红、苍白、黄疸或发绀，其临床意义同皮肤颜色的变化。

3. 注意事项

(1)检查结合膜最好在自然光线下进行，易于对颜色变化进行准确识别。

(2)检查时动作要快，且不宜反复进行，以免引起充血。

(3)应对两侧结合膜进行对照检查。

四、浅表淋巴结的检查

检查浅表淋巴结，主要进行触诊。检查时应注意其大小、形状、硬度、敏感性及皮下的可移动性。

急性肿胀表现为淋巴结体积增大,并有热、痛反应,常较硬。若化脓则有波动感。慢性肿胀多无热、痛反应,常较硬,表面不平,且不易向周围移动。

【考核内容】

1. 全身状态的检查。
2. 被毛和皮肤的检查。
3. 可视黏膜的检查。

【考核标准】

表 3-1 考核标准(实验三)

序号	考核内容	评判标准	分值	得分
1	全身状态的检查 (100 分)	观察动物的神态,根据耳、眼等活动情况判断动物精神状态	20	
		观察动物肌肉的丰满度、被毛的光滑度和皮下脂肪的充盈度,判断其营养状况	20	
		观察动物骨骼的发育程度及躯体的大小,判断动物的发育情况	20	
		观察动物的姿势和步态,判断有无异常	20	
		观察动物的行为,判断有无异常	20	
2	被毛和皮肤的检查 (100 分)	观察动物被毛的清洁状态、光泽度和有无脱毛情况等	25	
		观察皮肤的颜色和完整性	25	
		触诊皮肤的温度和湿度	25	
		观察动物皮下有无肿胀,以及肿胀的性质	25	
3	可视黏膜的检查 (100 分)	选择合适的可视黏膜	25	
		能够徒手或借助器械进一步观察可视黏膜	25	
		能够正确判断可视黏膜的颜色	25	
		观察可视黏膜有无肿胀、分泌物、肿瘤、结节和溃疡等	25	

【实验报告】

1. 整体状态检查对于疾病诊断有何意义?
2. 导致动物脱毛的原因有哪些?

实验四　体温、脉搏和呼吸数的测定

【实验动物】

牛 2 头，驴 2 头或马 2 匹。

【实验器械】

保定绳、兽用体温计、酒精棉、液体石蜡、秒表。

【实验目的与要求】

1. 掌握体温、脉搏、呼吸数的测定方法。
2. 理解体温、脉搏、呼吸数测定时的注意事项。
3. 了解体温、脉搏、呼吸数变化的临床意义。

【实验内容】

1. 体温测定。
2. 脉搏测定。
3. 呼吸数测定。

【实验方法】

一、体温测定

1. 测定方法

（1）甩动体温计使水银柱降至 35℃ 以下，然后用棉球擦拭消毒并涂以润滑剂。被检动物做适当保定。

（2）检查者站于动物的左后方，以左手提起尾根部并稍推向对侧，右手持体温计插入肛门，并徐徐捻转插入肛门中。

（3）将体温计尾部的夹子夹于尾毛之上，尽量拉紧兽用体温计尾端的细绳，经 3～5min 后取出读取刻度。

（4）读完刻度后，甩下水银柱并放入消毒瓶内备用。

2. 注意事项

（1）测定体温时，应注意人畜安全。对肛门及直肠有损伤的动物，需谨慎操作。

（2）温度计的玻棒插入的深度要适宜，大动物至少插入全长的 2/3，小动物可视具体情况而定。

(3)用前需甩下体温计的水银柱，用后也应及时甩下水银柱，形成良好的体温测定习惯。

(4)初来就诊的动物，待其安静后，再进行测定。

(5)病畜体温测定需在上午和午后各测定一次，并绘成体温曲线表，具有更大的诊断意义。

(6)勿将体温计插入宿粪中。

二、脉搏的测定

1. 测定方法

(1)马属动物：主要检查颌外动脉。检查者站在马头一侧，一手握住笼头，另一手拇指置于下颌骨外侧，食指、中指伸入下颌支内侧，在下颌支的血管切迹处，前后滑动，发现动脉管后，用指轻压即可感知。

(2)牛：主要检查尾动脉。检查者站在牛的正后方，左手提起牛尾，右手拇指放于尾根的背面，用食指、中指在距尾根10cm左右处尾的腹面检查。

(3)中、小动物：可检查股动脉或肱动脉。

2. 注意事项

(1)需要在动物安静后，方可进行脉搏测定。

(2)一般检测1min，并以"次/min"表示，当脉搏不感于手时，可以心率替代。

三、呼吸数的测定

1. 测定方法

(1)检查者站立于动物的侧方，观察腹胁部的起伏，一起一伏为1次呼吸。

(2)寒冷季节可根据呼出气流来测定。

2. 注意事项

(1)呼吸数的测定，宜在动物安静或休息时测定。

(2)呼吸数以"次/min"表示，必要时可用听诊肺部呼吸音的次数来代替。

四、正常参考值

表 4-1　各种动物正常体温、脉搏及呼吸次数

动物种类	体温(℃)	脉搏(次/min)	呼吸数(次/min)
牛	37.5~39.5	40~80	10~25
马	37.5~38.5	26~42	8~16
骡	37.5~39.0	26~42	—
驴	37.5~38.5	42~54	—
羊	38.0~40.0	70~80	12~30
骆驼	36.0~38.5	32~52	6~15
鹿	38.0~39.0	40~80	15~25

(续)

动物种类	体温(℃)	脉搏(次/min)	呼吸数(次/min)
犬	37.5~39.0	70~120	10~30
猫	38.5~39.5	110~130	10~30
猪	38.0~39.5	60~80	18~30
兔	38.5~39.5	120~140	50~60
狐狸	38.7~40.1	85~130	15~45
鸡	40.0~42.0	120~200	15~30
鸭	41.0~43.0	—	—
鹅	40.0~41.3	—	—
鸽	41.0~43.0	180~250	20~35

【考核内容】

1. 体温的测定。
2. 脉搏的测定。

【考核标准】

表4-2 考核标准(实验四)

序号	考核内容	评判标准	分值	得分
1	体温的测定 (100分)	甩动体温计使水银柱降至35℃以下	10	
		酒精棉球擦拭体温计	10	
		站于动物的左后方	10	
		以左手提起尾根部并稍推向对侧	10	
		右手持体温计颈肛门徐徐捻转插入肛门中	10	
		将体温计微端的夹子夹于尾毛之上,尽量拉紧兽用体温计尾端的细绳,经3~5min后取出读取刻度	10	
		正确读取刻度	10	
		知道健康动物的体温范围	10	
		甩下体温计水银柱	10	
		将体温计插入消毒瓶内	10	
2	牛脉搏的测定 (100分)	检查者站在牛的正后方	15	
		左手提起牛	15	
		右手拇指放于尾根的背面	15	
		用食指、中指在距尾根10cm左右处尾的腹面感知尾动脉	15	
		知道健康牛的脉搏数	20	
		测定的脉搏数准确	20	

（续）

序号	考核内容	评判标准	分值	得分
3	马属动物脉搏的测定（100 分）	检查者站在马头一侧	20	
		一手握住笼头	20	
		另一手拇指置于下颌骨外侧，食指、中指伸入下颌支内侧	20	
		在下颌支的血管切迹处，前后滑动，发现动脉管	20	
		脉搏数测定准确，知道健康马属动物的脉搏数	20	

【实验报告】

1. 体温、脉搏和呼吸数三者之间有何内在联系？
2. 在现代先进诊疗设备的冲击下，体温测定是否失去了原来的意义？

实验五　心血管系统的检查

【实验动物】

　　牛 2 头，驴 2 头或马 2 匹。

【实验器械】

　　保定绳、听诊器、叩诊器、多道听诊器、血压计、秒表。

【实验目的与要求】

　　1. 熟悉心脏在体表的投影部位，掌握心脏的视诊、触诊、听诊和叩诊方法。
　　2. 能够正确区分第一心音和第二心音。
　　3. 了解不同心音的最佳听取点。
　　4. 掌握浅在静脉的检查方法。

【实验内容】

　　1. 心脏的视诊、触诊、听诊和叩诊。
　　2. 心音的最佳听取点。
　　3. 浅在静脉的检查。

【实验方法】

一、心脏的视诊和触诊

1. 检查方法

　　被检动物取站立姿势，使其左前肢向前伸出半步，以充分暴露心区。检查者位于动物左侧方，视诊时，仔细观察左侧肘后心区被毛及胸壁的振动情况。触诊时，检查者一手（右手）放于动物的鬐甲部，用另一手的手掌，紧贴于动物的左侧肘后心区，注意感知胸壁的振动，主要判断其频率及强度。

2. 检查内容

　　（1）搏动增强见于心脏收缩力增强。
　　（2）心搏动减弱主要见于心脏收缩力减弱、介质状态改变和胸壁增厚等相关疾病，如心力衰竭、心包炎、胸腔积液等。

二、心脏的叩诊

1. 检查方法

被检动物取站立姿势,使其左前肢向前伸出半步,以充分暴露心区。大动物采用锤板叩诊法,小动物采用指指叩诊法。持叩诊器由肩胛骨后角向下叩击,直至肘后心区,再转而斜向后下方叩击。随着叩诊音的改变,说明肺清音变为浊音的上界点及由心浊音区又转为肺清音的后界点,将此两点连成一个弧形线即为心浊音区的后上界线。

(1)马:在左侧,呈近似的不等边三角形,其顶点相当于第 3 肋间肩关节水平线向下 3~4cm 处;由该点向下后方引一弧线并止于第 6 肋间,为其后上界。在心区反复地用较强和较弱的叩诊进行检查,依据产生的浊音的区域,可判定马的心脏绝对浊音区及相对浊音区。

(2)牛:在左侧,由于心脏被肺脏所掩盖的部分较大,因而只能确定相对浊音区,位于第 3~4 肋间,胸廓下 1/3 的中间部,其范围较小。

2. 检查内容

(1)心脏浊音区扩大见于心脏肥大、心包炎等。
(2)心脏浊音区缩小见于肺气肿、肺水肿和气胸等。

三、心脏的听诊

1. 检查方法

被检动物取站立姿势,使其左前肢向前伸出半步,以充分暴露心区。将听诊器集音头放于心区部位即可。遵循一般听诊的常规注意事项。健康牛的心音较为清晰,尤其是第一心音明显,但其第一心音持续时间较短。马的第一心音的音调较低,持续时间较长且音尾拖长;第二心音短促、清脆,且音尾突然停止。

2. 检查内容

心音听诊要仔细判断其频率、节律、强度、是否分裂等。

四、心音最佳听取点

表 5-1 牛和马的心音最佳听取点

动物种类	第一心音		第二心音	
	二尖瓣口	三尖瓣口	主动脉瓣口	肺动脉瓣口
牛	左侧第 4 肋间,主动脉口的远下方	右侧第 3 肋间,胸廓下 1/3 的中央水平线上	左侧第 4 肋间,肩关节线下 1~2 指处	左侧第 3 肋间,胸廓下 1/3 的中央水平线下方
马	左侧第 5 肋间,胸廓下 1/3 的中央水平线上	右侧第 4 肋骨,胸廓下 1/3 的中央水平线上	左侧第 4 肋间,肩关节线下 1~2 指处	左侧第 3 肋间,胸廓下 1/3 的中央水平线下方

五、浅在静脉的检查

主要观察浅在静脉的充盈状态及颈动脉的波动。

1. 静脉的充盈度检查

（1）静脉怒张：见于乳房炎、创伤性心包炎等。

（2）静脉萎陷：见于休克、严重毒血症等。

2. 颈静脉波动

（1）阴性波动：按压颈静脉中部，两头波动均消失。

（2）阳性波动：按压颈静脉中部，远心端波动消失，而近心端波动存在。

（3）伪性波动：按压颈静脉中部，两头的波动均不消失。

颈静脉波动性质的判定见表5-2。

表5-2　颈静脉波动性质的判定

	阴性波动	阳性波动	伪性波动
与心脏活动的关系	与心房收缩一致	与心室收缩一致	与心搏动一致
与动脉脉搏的关系	不一致	一致	一致
手指压迫颈静脉中部的效应	近心端及远心端的波动明显减弱	远心端波动消失，近心端仍波动	近心端及远心端的波动均不消失
心动过速的影响	明显	明显	不明显

【考核内容】

1. 心脏的叩诊。
2. 心脏的听诊。

【考核标准】

表5-3　考核标准（实验五）

序号	考核内容	评判标准	分值	得分
1	牛的心脏叩诊（100分）	被检动物取站立姿势，使其左前肢向前伸出半步，以充分暴露心区	12.5	
		在左侧	12.5	
		位于第3至第4肋间	12.5	
		胸廓下1/3的中间部	12.5	
		持叩诊器由肩胛骨后角向下叩击，直至肘后心区	12.5	
		再转而斜向后下方叩击，直至心浊音和肺清音的交界点	12.5	
		将肘后顶点与新浊音和肺清音交接点连成一个弧形线即为心浊音区的后上界线	12.5	
		健康动物两种方法确定的心脏叩诊区应基本一致	12.5	
2	马属动物的心脏叩诊（100分）	被检动物取站立姿势，使其左前肢向前伸出半步，以充分暴露心区	12.5	
		左侧，呈近似的不等边三角形	12.5	
		顶点相当于第3肋间肩关节水平线向下3～4cm处	12.5	
		由顶点向下后方引一弧线并止于第6肋间，为其后上界	12.5	
		持叩诊器由肩胛骨后角向下叩击，直至肘后心区	12.5	

（续）

序号	考核内容	评判标准	分值	得分
2	马属动物的心脏叩诊（100分）	再转而斜向后下方叩击，直至心浊音和肺清音的交界点	12.5	
		将肘后顶点与新浊音和肺清音交接点连成一个弧形线即为心浊音区的后上界线	12.5	
		健康动物两种方法确定的心脏叩诊区应基本一致	12.5	
3	心脏听诊（100分）	被检动物取站立姿势，使其左前肢向前伸出半步，以充分暴露心区	20	
		将听诊器集音头放于心区部位听诊	20	
		听诊不少于1min，并测定出动物的心率	20	
		能够正确区分第一心音和第二心音	20	
		听诊器佩戴正确，听诊操作规范	20	

【实验报告】

1. 心音最佳听诊点对心脏疾病的诊断有何意义？
2. 在现代先进诊疗设备的冲击下，叩诊还有没有实用价值？

实验六　呼吸系统的检查

【实验动物】

牛2头，驴2头或马2匹。

【实验器械】

保定绳、听诊器、叩诊器、标签纸、秒表。

【实验目的与要求】

1. 掌握牛和马属动物肺叩诊区的确定方法。
2. 掌握肺部的听诊方法，要求能够正确区分肺泡呼吸音和支气管呼吸音。
3. 了解胸廓和呼吸运动的检查方法。

【实验内容】

1. 胸廓的检查。
2. 呼吸运动的检查。
3. 胸肺的叩诊。
4. 胸肺的听诊。

【实验方法】

一、胸廓的检查

1. 胸廓的视诊

（1）健康动物呼吸平顺，胸廓两侧对称，脊柱平直，胸壁完整，肋间隙的宽度均匀。

（2）注意观察呼吸状态，胸廓的形状和对称性；胸壁有无损伤、变形；肋骨与肋软骨结合处有无肿胀或隆起；肋骨有无变化，肋间隙有无变宽或变窄，凸出或凹陷现象；胸前、胸下有无浮肿等。

（3）桶状胸见于肺气肿，扁平胸见于骨软病，鸡胸见于佝偻病，两侧不对称见于一侧肋骨骨折或肺气肿。

2. 胸廓的触诊

（1）健康动物触诊无热痛。

（2）胸廓触诊主要观察胸壁的敏感性、感知温度、湿度及肿物的性状，并注意肋骨是否变形及骨折等。

(3)触诊胸壁敏感,有摩擦感,见于胸膜炎;肋骨肿胀、变形,见于佝偻病。

二、呼吸运动的检查

该检查应该在安静且无外界干扰的情况下进行。

1. 呼吸数的测定

详见实验四。

2. 呼吸类型的检查

(1)检查者位于病畜的后侧方,观察吸气与呼气时胸廓与腹壁起伏动作的协调性和动作,以此判断是否是健康的呼吸方式。

(2)健康动物一般为胸腹式呼吸,即在呼吸时,胸壁和腹壁的动作很协调,强度大致相等。

(3)胸式呼吸见于腹部疾病,如胃扩张、肠臌气、腹腔积液等;腹式呼吸见于胸部疾病,如胸膜炎、肺气肿等。

3. 呼吸节律的检查

(1)检查者位于病畜的侧方,观察每次呼吸动作的强度、间隔时间是否均等。

(2)健康动物在吸气后紧随呼气,经短时间休息后,在行下次呼吸。每次呼吸的时间间隔和强度大致均等。

(3)病理性呼吸节律分为吸气延长、呼气延长、间断性呼吸、陈-施二氏呼吸、毕欧特氏呼吸和库斯茂尔氏呼吸等。

4. 呼吸的对称性检查

(1)检查者站于病畜正后方,对照观察两侧胸壁和腹壁的起伏动作是否一致。

(2)健康动物呼吸时,两侧胸壁和腹壁起伏动作的强度一致。一侧胸腔或腹腔器官、或胸壁或腹壁发生疾病时,可导致呼吸不对称。

5. 呼吸困难的检查

(1)检查者仔细观察病畜鼻翼的煽动情况及胸壁、腹壁的起伏和肛门的抽动情况,注意头颈、躯干和四肢的状态和姿势,并注意听取粗重的呼吸音。

(2)健康动物呼吸时,自然而平顺,动作协调而不费力,呼吸频率相对正常,节律整齐,肛门无明显抽动。

(3)吸气性呼吸困难:病畜表现为头颈平伸,鼻孔开张、形如喇叭,两肘外展,胸壁扩张,肋骨凹陷,肛门有明显抽动,甚至呈张口呼吸。吸气延长时,可听到明显的呼吸狭窄音。

(4)呼气性呼吸困难:吸气时间延长,呈二段呼出。补助呼气肌参与活动,腹肌极度收缩,沿季肋缘出现喘线。

(5)混合性呼吸困难:具有以上两型的特征,但狭窄音多不明显而呼吸频率常明显增多。

三、胸肺的叩诊

1. 肺叩诊区的确定

（1）牛肺叩诊区的确定：上界为与脊柱平行的直线，并距离背中线约一掌宽；前界起点为肩胛骨后角，然后为沿肘肌向下所划的类似"S"形的曲线，止于第4肋间；后界由第12肋和胸椎的交界点开始，向下、向前所划的弧线与髋结节水平线交于第11肋间，与肩关节水平线交于第8肋间，最后止于第4肋间。

（2）马属动物肺叩诊区的确定：马属动物的肺叩诊区近似一个直角三角形。上界为与脊柱平行的直线，并距离背中线约一掌宽；前界起点为肩胛骨后角沿肘肌向下所划的直线，止于第5肋间；后界起始于第17肋与胸椎的交界点，与髋结节水平线交于第16肋间，与坐骨结节水平线交于第14肋间，与肩关节水平线交于第10肋间，止于第5肋间。

2. 叩诊方法

叩诊时，一手持叩诊板，顺着肋间隙，纵放，密贴；另一手持叩诊锤，以腕关节做轴，垂直地向叩诊板上做短促的叩击。一般每点连续叩击二三下，再移至另一处。叩诊肺区时，应沿肋骨水平线，由前至后依次进行，称为肺区水平叩诊法。也可自上而下沿肋间隙进行，称为垂直叩诊法。不论应用哪一种方法都应完整叩完整个肺部，进行对比分析，而不应该孤立地叩诊某一点或某一部分。

3. 叩诊的注意事项

（1）叩诊胸肺时，必须在较为宽敞的室内进行，才能产生良好的共鸣效果。若房屋狭小或在露天进行往往不能获得满意的结果。

（2）叩诊时室内要安静，避免任何嘈杂声音的干扰。

（3）叩诊的强度要均匀一致，切勿一轻一重。如此才能比较两侧对称部位的影响。但为了探查病灶的深浅及病变的性质，轻重叩诊可交替使用。因为轻叩不易发现处于深部的病变，重叩不能检查出浅在的病灶。

（4）叩诊胸肺时，不但要有正确的叩诊方法，而且还要准确地判断叩诊音的变化。为此，必须熟悉正常叩诊音，才能发现和辨别病理性叩诊音。

（5）叩诊胸肺时，要注意病畜的表现，有无咳嗽和疼痛不安的现象出现。

4. 正常肺区叩诊音

健康大动物的肺区叩诊音一般为清音，以肺的中1/3最为清楚，而上1/3和下1/3声音逐渐变弱。而肺的边缘则近似半浊音。

5. 叩诊音的病理变化

（1）胸部叩诊时可出现疼痛性反应，表现为咳嗽、躲闪、回视和反抗。

（2）肺叩诊区扩大见于肺气肿、气胸等，肺叩诊区缩小见于胃扩张、肠臌气等。

（3）肺区叩诊出现浊音、半浊音、水平浊音，见于肺炎、胸腔积液等；出现过清音、鼓音或金属音，见于肺气肿、肺空洞或气胸等。

四、胸肺的听诊

1. 听诊方法

（1）肺听诊区与叩诊区大致相同。

（2）听诊时，应先从呼吸音较强的部位即胸廓的中部开始，然后再依次听取肺区的上部、后部和下部。

（3）每一听诊点间隔3~4cm，在每一点上至少听取2~3次呼吸音，且须注意听诊音与呼吸活动之间的关系。

2. 听诊内容

（1）肺泡呼吸音于吸气阶段较为清楚，呈"呋呋"的声音。整个肺区均可听到，但以肺区中部最为明显。

（2）支气管呼吸音于呼气阶段最为明显，呈"赫赫"声音，但并非纯粹的支气管呼吸音，而是带有肺泡呼吸音的混合呼吸音。

（3）听诊时主要注意是否存在呼吸音增强或减弱、病理性支气管呼吸音、混合呼吸音、啰音、捻发音、胸膜摩擦音及空瓮音等。

【考核内容】

1. 牛肺叩诊区的确定。
2. 马属动物肺叩诊区的确定。
3. 肺部听诊。

【考核标准】

表 6-1 考核标准（实验六）

序号	考核内容	评判标准	分值	得分
1	牛肺叩诊区的确定（100分）	上界为与脊柱平行的直线，并距离背中线约一掌宽	15	
		前界起点为肩胛骨后角	15	
		肩胛骨后角沿肘肌向下所划的类似"S"形的曲线	15	
		止于第4肋间	5	
		后界由第12肋和胸椎的交界点开始	15	
		向下、向前所划的弧线与髋结节水平线交于第11肋间	15	
		与肩关节水平线交于第8肋间	15	
		止于第4肋间	5	
2	马属动物肺叩诊区的确定（100分）	上界为与脊柱平行的直线，并距离背中线约一掌宽	15	
		前界起点为肩胛骨后角沿肘肌向下所划的直线	15	
		止于第5肋间	15	
		后界起始于第17肋与胸椎的交界点	5	
		与髋结节水平线交于第16肋间	15	
		与坐骨结节水平线交于第14肋间	15	
		与肩关节水平线交于第10肋间	15	
		止于第5肋间	5	

（续）

序号	考核内容	评判标准	分值	得分
3	肺部听诊 （100 分）	应先从呼吸音较强的部位即胸廓的中部开始	25	
		依次听取肺区的上部、后部和下部	25	
		每一听诊点间隔 3~4cm，在每一点上至少听取 2~3 次呼吸	25	
		听诊器佩戴正确，听诊操作规范	25	

【实验报告】

1. 肺区叩诊对于肺脏疾病的诊断有何意义？
2. 如何才能将胸、肺听诊和叩诊发挥至极致？
3. 发生肺脏疾病时，胸部叩诊音的变化和听诊音的变化有何内在联系？

实验七　消化系统的检查

【实验动物】

牛2头，驴2头或马2匹。

【实验器械】

保定绳、叩诊器、听诊器、金属探测仪。

【实验目的与要求】

1. 掌握马属动物胃肠的检查方法。
2. 掌握反刍动物胃肠的检查方法。
3. 理解粪便感官检查在消化系统疾病诊断中的意义。

【实验内容】

1. 马属动物腹部的视诊与触诊。
2. 马属动物胃肠的听诊与叩诊。
3. 瘤胃的检查。
4. 网胃的检查。
5. 瓣胃的检查。
6. 真胃的检查。
7. 反刍动物的肠管检查。

【实验方法】

一、马属动物腹部的视诊与触诊

1. 视诊

检查者须站立在动物的正前或正后方，主要观察腹部轮廓、外形、容积及肷部的充满程度，应做左右侧对照比较，主要判定其膨大及缩小的变化。膨大见于胃扩张、肠臌气等，缩小见于长期营养不良或慢性消耗性疾病等。

2. 触诊

检查者位于腹侧，一手放于动物背部，以另一手的手掌平放于腹侧壁或下侧方，用腕力做间断冲击触诊，或以手指垂直向腹壁做冲击式触诊，以感知腹肌的紧张度，腹腔内容物的性状并观察动物的反应。

二、马属动物胃肠的听诊和叩诊

1. 胃肠的体表投影

(1) 胃在左侧第 14~17 肋间髋结节水平线上。

(2) 小结肠在左髋部上 1/3 处，小肠在右髋部中 1/3，左侧大结肠在左腹部下 1/3，盲肠在右髋部，右大结肠在右侧肋骨弓下方。

2. 听诊

(1) 胃蠕动音一般不易听到，对于胃扩张的病例，有时可以听到"沙沙"声、流水声或金属音；小肠蠕动音为流水声或含漱音，每分钟 8~12 次；大肠音如雷鸣声或远炮声，每分钟 4~6 次。

(2) 肠音听诊主要判定其频率、性质、强度和持续时间，听诊时应对两侧各部进行普遍检查，并于每一听诊点至少听取 1min 以上。

3. 叩诊

(1) 对靠近腹壁的肠管进行叩诊时，依其内容物性状不同，其音响也不同。正常时盲肠基部呈鼓音；盲肠体、大结肠则可呈浊音或半浊音。

(2) 叩诊对于肠臌气的诊断具有重要意义。

三、瘤胃的检查

1. 视诊

瘤胃视诊主要看腹部的对称性，若左侧膨大，见于瘤胃臌气和瘤胃积食。瘤胃臌气和瘤胃积食可根据触诊、听诊和叩诊检查结果予以鉴别。

2. 触诊

(1) 检查者位于动物左腹侧，左手放于动物背部，检手可握拳、屈曲手指或以手掌放于左髋部，先用力反复触压瘤胃，以感知其内容物的性状。

(2) 触诊感觉腹壁紧张，触摸不到瘤胃内容物，见于瘤胃臌气。触诊内容物黏硬或粥样，见于瘤胃积食。冲击触诊有拍水音，见于瘤胃硫酸中毒引发的瘤胃积液。

3. 听诊

(1) 用听诊器进行间接听诊，以判断瘤胃蠕动音的次数、强度、性质及持续时间。

(2) 正常时，瘤胃随每次蠕动而出现逐渐增强又逐渐减弱的沙沙声。似吹风样或远雷声。健康牛每 2min 为 2~3 次。

(3) 瘤胃蠕动音减弱减少见于瘤胃积食、前胃迟缓等疾病；瘤胃蠕动音增多增强见于瘤胃臌气的初期。

4. 叩诊

用叩诊器在左侧髋部进行直接叩诊，以判断其内容物的性状。正常时瘤胃上部为鼓音，由饥饿窝向下逐渐变为浊音。

四、网胃的检查

1. 位置

网胃位于腹腔的左前下方,相当于第 6~7 肋间,前缘紧接膈肌与心脏相邻,其后下部则位于剑状软骨之上。

2. 视诊

视诊主要观察病畜的运动状态和姿势。若运步小心,喜欢走上坡路,不喜走下坡路;站立时喜欢前高后低,见于创伤性网胃炎。

3. 触诊

(1)检查者面向动物蹲于左胸侧,屈曲右膝于动物腹下,将右肘支于右膝上,右手握拳并抵住剑状软骨突起部,然后用力抬腿并以拳顶压网胃区,以观察动物反应。

(2)或由 2 人分别站于动物胸部两侧,各伸一手于剑突下相互握紧,各将其另一只手放于动物的鬐甲部,2 人同时用力上抬紧握的手,并用放在鬐甲部的手紧握其皮肤,以观察动物的反应。

(3)或用一木棒横放于动物的剑突下,由 2 人分别自两侧同时用力上抬,迅速下放并逐渐后移压迫网胃区,以观察动物反应。

(4)无论哪种触诊方法,若网胃区敏感,则见于创伤性网胃炎。

五、瓣胃的检查

1. 位置

瓣胃在右侧 7~10 肋间,肩关节水平线上下 3cm 范围内。若进行瓣胃穿刺,穿刺点在第 9 肋间与肩关节水平线的交点处。

2. 触诊

于右侧瓣胃区内进行强力触诊或以拳轻击,观察动物有无疼痛反映。若触诊敏感,见于瓣胃炎。

3. 听诊

于瓣胃区听取其蠕动音。正常时呈断续性细小的捻发音,采食后较为明显。主要判断蠕动音是否减弱或消失。减弱或消失见于瓣胃阻塞、前胃迟缓等。

六、真胃的检查

1. 位置

真胃位于右腹部第 9~11 肋间的肋骨弓区。

2. 触诊

沿肋弓下进行深部触诊。由于腹壁紧张而厚,常不易得到准确结果。为此,应尽可能将手指插入肋骨弓下方深处,向前下方进行强压迫。主要判断是否有疼痛反应。触诊敏感见于真胃炎、真胃变位等。

3. 听诊

在真胃区内,可以听到类似的肠音,呈流水声或含漱音。主要判断其强弱和有无蠕动音的变化。

七、反刍动物的肠管检查

反刍动物肠管在整个右腹部，听诊时可以听到短而稀少的肠蠕动音。肠音频繁似流水状，见于各种类型的肠炎及腹泻。肠音微弱、稀少见于消化机能障碍。

【考核内容】

1. 马属动物的肠管检查。
2. 牛的瘤胃检查。
3. 牛的网胃检查。
4. 牛的瓣胃检查。
5. 牛的真胃检查。

【考核标准】

表 7-1 考核标准（实验七）

序号	考核内容	评判标准	分值	得分
1	马属动物的肠管检查（100分）	小结肠在左骹部上 1/3 处	12.5	
		小肠在右骹部中 1/3	12.5	
		左侧大结肠在左腹部下 1/3	12.5	
		盲肠在右骹部	12.5	
		右大结肠在右侧肋骨弓下方	12.5	
		小肠蠕动音为流水声或含漱音，每分钟 8~12 次	12.5	
		大肠音如雷鸣声或远炮声，每分钟 4~6 次	12.5	
		每一听诊点至少听取 1min 以上	12.5	
2	瘤胃检查（100分）	视诊站于牛的正后方，观察其腹部两侧的对称性	15	
		触诊时站于动物左腹侧	20	
		手放于动物背部，检手可握拳、屈曲手指或以手掌放于左骹部，用力反复触压瘤胃，以感知其内容物的性状	20	
		在瘤胃上 1/3 的中间部听诊，健康牛瘤胃蠕动每 2min 为 2~3 次	15	
		采取直接叩诊法	15	
		叩诊瘤胃上 1/3 的中间部，健康牛瘤胃叩诊呈鼓音	15	
3	网胃检查（100分）	网胃位于腹腔的左前下方，相当于第 6~7 肋骨间，前缘紧接膈肌与心脏相邻，其后下部则位于剑状软骨之上	20	
		视诊主要观察动物的站立姿势和运步状态	20	
		向动物蹲于左胸侧，屈曲右膝于动物腹下，将右肘支于右膝上，右手握拳并抵住剑状软骨突起部，然后用力抬腿并以拳顶压网胃区，以观察动物反应	20	
		或由 2 人分别站于动物胸部两侧，各伸一手于剑突下相互握紧，各将其另一只手放于动物的鬐甲部，2 人同时用力上抬紧握的手，并用放在鬐甲部的手紧握其皮肤，以观察动物的反应	20	
		用一木棒横放于动物的剑突下，由 2 人分别自两侧同时用力上抬，迅速下放并逐渐后移压迫网胃区，以观察动物反应	20	

（续）

序号	考核内容	评判标准	分值	得分
4	瓣胃检查 （100分）	于牛右侧进行检查	20	
		左右位置确定：瓣胃在右侧7~10肋间	20	
		上下位置确定：肩关节水平线上下3cm范围内	20	
		在瓣胃区内进行强力触诊或以拳轻击，观察动物有无疼痛反应	20	
		听诊呈断续的细小捻发音	20	
5	真胃检查 （100分）	在牛的右腹部检查	25	
		真胃在第9~11肋间的肋骨弓区	25	
		沿肋弓下进行深部触诊，尽可能将手指插入肋骨弓下方深处，向前下方进行强压迫	25	
		在真胃区内，可以听到类似的肠音，呈流水声或含漱音	25	

【实验报告】

1. 为什么肠管检查是马属动物临床检查最重要的内容？
2. 为什么前胃检查是牛临床检查最重要的内容？

实验八　直肠检查

【实验动物】

牛2头，驴2头或马2匹。

【实验器械】

保定绳、灌肠器、长臂手套、消毒液、液体石蜡。

【实验目的与要求】

1. 掌握直肠检查的准备工作，包括人员的准备、动物的准备和器械的准备。
2. 掌握牛直肠检查的方法。
3. 掌握马属动物直肠检查的方法。

【实验内容】

1. 准备工作。
2. 操作方法。
3. 检查内容。

【实验方法】

一、准备工作

1. 动物的保定

通常保定于六柱栏或四柱栏，马的左、右后肢分别以足夹套固定于栏柱下端，以防后踢；为防止卧下及跳跃，要加腹带及压绳；尾部向上或向一侧吊起。如果在野外，可借助在车辕内保定；根据情况也采取横卧保定。牛的保定也可钳住鼻中隔，或用绳系住两后肢。

2. 检查者的准备

检查者剪短指甲并磨光，充分露出手臂并涂以润滑油类。有条件，最好使用长臂乳胶手套，防止病原感染。

3. 特殊情况的处理

（1）对腹部膨大病畜应先行盲肠穿刺或瘤胃穿刺术排气，否则腹压过高，不宜检查。尤其是横卧保定时，更须注意防止造成窒息的危险。

（2）对心脏衰弱的病畜，可先给予强心剂；对腹痛剧烈的病畜，可先给予镇静剂，以便于检查。

(3) 为了更好地检查，可先行温水 1 000~2 000mL 灌肠，以缓解直肠的紧张并排除蓄粪以利于检查。

二、操作方法

(1) 检查者将检手拇指放于掌心，其余四指并拢积聚呈圆锥形，以旋转动作通过肛门进入直肠，当肠内蓄积粪便时应将其取出，再行入手；如膀胱内贮有大量尿液，应按摩、压迫以刺激其反射排空或进行人工导尿术，以利于入手检查。

(2) 入手沿肠腔方向徐徐深入，直至检手套有部分直肠狭窄部肠管为止，方可进行检查。当被检动物频频努责时，入手可暂停前进或随之后退，即按照"努则退，缩则停，缓则进"的要领进行操作，比较安全。切忌检手未找到肠管方向就盲目前进，或未套入狭窄部就急于检查。当狭窄部套手困难时，可采取胳膊下压肛门的方法，诱导病畜做排粪反应，使狭窄部套在手上，同时还可以减少努责作用。如被检动物过度努责，必要时可用 10% 普鲁卡因 10~30mL 做尾骶穴封闭，使直肠及肛门括约肌弛缓而便于检查。

(3) 检手套入部分直肠狭窄部或全部套入后，检手做适当活动，用并拢的手指轻轻向周围触摸，根据脏器的位置、大小、形状、硬度、有无肠袋、易动性及肠系膜状态等，判定病变的脏器、位置、性质和程度。无论何时手指均应并拢，绝不允许叉开并随意抓、搔或锥刺肠壁，切忌粗暴以免损伤肠管。

三、检查内容

1. 牛的直肠检查

(1) 膀胱位于骨盆底部，空虚时触之如拳头大，充满时膀胱壁较紧张，触之有波动感。若呈异常膨大，为膀胱积尿。触之呈敏感反应，膀胱壁增厚，是膀胱炎征兆。

(2) 耻骨前缘左侧为庞大瘤胃的上下后盲囊所占据，触摸时表面光滑，呈面团样坚硬，同时可触知瘤胃的蠕动波，如触摸时感到腹内压异常增高，瘤胃上后盲囊抵至骨盆入口处，甚至进入骨盆腔内，多为瘤胃臌气或积食，借其内容物的性状，可进行鉴别。

(3) 耻骨前缘的右侧可触摸到盲肠，其尖部常抵入骨盆腔内，可感知有少量气体或软的内容物。右胁部为结肠袢部位，可触到其肠袢排列。在其周围是空肠和回肠，正常时不易触摸到。若触之肠袢呈异常充满而有硬块感时，多为肠阻塞。若有异常硬实肠段，触之敏感，并有部分肠管呈臌气者，多疑为肠套叠或肠变位。

(4) 右侧腹腔触之异常空虚，应怀疑真胃左方变位。

(5) 正常情况下，真胃及瓣胃是不能触摸到的。但当真胃幽门部阻塞或真胃扭转继发真胃扩张，或瓣胃阻塞抵至肋弓后缘时，有时于骨盆腔入口的前下方，可摸到其后缘，根据内容物的性状可以鉴别。

(6) 沿腹中线一直向前至第 3~6 腰椎下方，可触到左肾，肾体常呈游离状态，随瘤胃的充满而偏于右侧；右肾因位置在前不易摸到。若触之敏感、肾脏增大、肾分叶结构不清者，多提示肾炎。肾盂膨大，一侧或两侧输尿管变粗，多为肾盂肾炎和输尿管炎。

(7) 母畜还可触诊子宫及卵巢的大小、性状和形态的变化。公畜触诊副性腺及骨盆部尿路等变化。

2. 马属动物的直肠检查

（1）肛门与直肠：应注意肛门的紧张度、直肠内容物的多少、温度及有无创伤等。

（2）骨盆腔及膀胱：骨盆腔由骨盆构成周壁光滑的空腔，耻骨前缘的前下方为膀胱，空虚无尿时仅呈拳头大小的梨状物体，如充满尿液则呈囊状，触之有波动感。

（3）小结肠：大部分位于骨盆口前方、左侧，小部分位于右侧，场内的粪便呈鸡蛋大的球状物，多为串球样排列。小结肠位置可移动，故动物采取横卧保定时，应注意其位置变化。

（4）左侧大结肠及盆骨曲：左腹下部触诊大结肠，左下大结肠较长且有纵带及肠袋，左上大结肠较细并无肠袋，重叠与左下大结肠上方、内侧而与之平行，内容物呈捏粉样硬度；左下大结肠行至骨盆前口处弯曲折回，而移行为左上大结肠，此即骨盆曲部，呈一迂回的盲端，约有小臂粗，表面光滑、游离，较易识别。

（5）腹主动脉：位于椎体下方，腹腔顶部，稍偏左侧，触摸时有明显搏动，呈管状物。

（6）左肾：脊柱下方，腹主动脉左侧，第二、三腰椎横突下方，可摸到其后缘，呈半圆形物，并有坚实感。

（7）脾脏：由左侧肾脏区稍向下方至最后肋骨部可触知脾脏的后缘，紧贴左腹壁，呈边缘菲薄的扁平镰刀状，较硬而表面光滑，通常其边缘内部超过最后肋骨。

（8）肠系膜根：再回至主动脉处并向前延伸，可触之肠系膜根部，注意有无动脉瘤；在其后下部为左右横行的十二指肠。在体躯较小的马或采取横卧保定时，可于前方感知胃的后壁边缘。

（9）盲肠基胃膨大部：右侧下方欬部，可触知盲肠底和盲肠体，呈膨大的囊状物，其上部常有一定量的气体而具有弹性。于盲肠的前内侧，腹腔的上 1/3 处，可触知大结肠末端的胃状膨大部。

四、注意事项

（1）对腹痛剧烈的病畜，先行镇静。一般以 1% 普鲁卡因注射液 10～20mL 进行后海穴注射，可使直肠及肛门括约肌弛缓而便于检查。

（2）直肠检查是隔着直肠壁间接进行触诊。因此，在操作时，必须严格遵守常规的方法和要领，以防由于粗暴或马虎大意，造成直肠壁穿孔，导致患畜预后不良的恶果，这点对于初学者尤为重要。

（3）要熟悉腹腔、盆腔及其他部位需要检查的器官、组织的正常解剖位置、解剖结构和生理状态，以便于判断病理过程的异常变化。

（4）直肠检查是兽医临床实践较为客观和准确的辅助检查法。但必须与一般临床检查结果及所有症状、治疗进行全面综合分析，才能得出合理正确的诊断。

（5）实践表明，直肠检查法的效果如何，能否在疾病的诊断上起到应有的作用，完全取决于检查者的熟练程度和经验。为此，应在学习和工作中反复多次的练习和掌握。

（6）直肠检查可同时兼有治疗作用，特别是对某些肠段发现的闭结粪块可进行按压、破碎，结合深部温水灌肠，可收到显著效果。

【考核内容】

1. 马属动物的直肠检查。
2. 牛的直肠检查。

【考核标准】

表 8-1 考核标准（实验八）

序号	考核内容	评判标准	分值	得分
1	马属动物的直肠检查（100分）	马属动物保定确实	15	
		剪短指甲并磨光	10	
		佩戴长臂手套，并消毒，涂抹润滑剂	15	
		将检手拇指放于掌心，其余四指并拢聚呈圆锥形，以旋转动作通过肛门进入直肠	15	
		检手沿肠腔方向徐徐深入，直至检手套有部分直肠狭窄部肠管，开始检查	15	
		遵循"努则退、缩则停、缓则进"的要领进行操作	15	
		按检查顺序触摸各脏器	15	
2	牛的直肠检查（100分）	牛保定确实	15	
		剪短指甲并磨光	10	
		佩戴长臂手套，并消毒，涂抹润滑剂	15	
		将检手拇指放于掌心，其余四指并拢聚呈圆锥形，以旋转动作通过肛门进入直肠	15	
		检手沿肠腔方向徐徐深入，直至检手套有部分直肠狭窄部肠管，开始检查	15	
		遵循"努则退、缩则停、缓则进"的要领进行操作	15	
		按检查顺序触摸各脏器	15	

【实验报告】

1. 在兽医临床上，什么情况下需要进行直肠检查？
2. 小动物由于个体较小，在临床检查上只能采取指检。指检在小动物临床上有哪些具体的应用？

实验九　泌尿系统的检查

【实验动物】

牛 2 头，驴 2 头或马 2 匹。

【实验器械】

保定绳、阴道开张器、导尿管、长臂手套、液体石蜡、0.1%高锰酸钾溶液等。

【实验目的与要求】

1. 掌握肾脏、膀胱和外生殖器的检查方法。
2. 掌握导尿技术。

【实验内容】

1. 肾脏的检查。
2. 膀胱的检查。
3. 导尿。
4. 排尿动作的检查。
5. 尿液的感官检查。

【实验方法】

一、肾脏的检查

1. 位置

肾脏是一对实质器官，位于脊柱两侧腰下区，包于肾脂肪，右肾一般比左肾靠前。表 9-1 为各种动物的肾脏位置。

表 9-1　各种动物的肾脏位置

动物种类	左肾	右肾
牛	第 3～5 腰椎横突下面	第 12 肋间及第 2～3 腰椎横突下面
马	最后胸椎及第 1～3 腰椎横突下面	最后 2～3 胸椎及第 1 腰椎横突下面
羊	第 1～3 腰椎横突下面	第 4～6 腰椎横突下面
犬	第 2～4 腰椎横突下面	第 1～2 腰椎横突下面
猪	第 1～4 腰椎横突下面	第 1～4 腰椎横突下面

2. 视诊

当肾脏发生疾病时，动物表现腰背僵硬，拱起，运步小心，后肢向前移动缓慢；牛有时可呈腰区膨隆，马则表现为腹痛样症状。

3. 触诊

大动物可在腰背部强行加压或用拳锤击，也可由腰椎横突下侧向内探触，以观察动物是否呈现敏感反应。中小动物（如羊、犬、猫等），取站立姿势时，检查者立于动物后方，两手分别放在体躯两侧，以拇指于其腰背部做支点，其余四指指尖由腰椎之下对腹内侧加压，由前至后或由后至前，也可以由下向上触诊肾脏的大小、硬度及敏感性。动物取横卧姿势时，可将一手置于腰背下方，另一手自上方并拢的手指沿腰椎横突向下加压进行触诊。

4. 叩诊

健康动物于季肋头前缘倒数第 2 腰椎、右侧倒数第 1 腰椎下方可叩诊出肾脏的浊音区，不出现敏感反应。其范围因动物种类和体格大小而不同。病理情况下出现浊音扩大或疼痛表现。

二、膀胱的检查

1. 位置

膀胱位于骨盆腔底部，空虚时触之较软，大如梨状；中度充满时，轮廓明显，其壁较紧张，且有波动；高度充满时，可占据整个骨盆腔。

2. 触诊

（1）大动物膀胱检查，只能做直肠内部触诊，检查时应注意其位置、大小、充满度、紧张度及有无压痛等。

（2）小动物如犬的膀胱检查，触诊时宜采取仰卧姿势，用一手在腹中线处由前向后触诊，也可用两只手分别由腹部两侧，逐渐向体中线压迫，以感觉膀胱。当膀胱充满时，可在腹壁耻骨前缘触到一有弹性的球形光滑体，过渡充满时可达脐部。检查膀胱内有无结石时，最好用一手指插入直肠，另一手的拇指于食指于腹壁外，将膀胱向后方挤压，以便直肠内的食指容易触到膀胱。

三、导尿

导尿实质上兼有探诊的目的，主要用于疑似尿道阻塞，也可用于膀胱充盈而不能排尿的情况。除此之外，还可以通过尿道插管进行膀胱冲洗，以及收集尿液等。

1. 公马导尿

站立保定，并固定后肢，检查者蹲在马的右侧，将右手深入包皮内，抓住龟头，把阴茎拉出一定的长度，用温水洗去污垢后，以无刺激消毒液擦洗尿道外口，将已消毒并涂以润滑剂的导尿管缓慢插入尿道内。当导尿管插至坐骨切迹处，可见马尾轻轻上举，此时如导尿管不能顺利插入时，可由助手在坐骨切迹外施加压力，导管即可转向骨盆腔，再向前推进 10cm 左右，便进入膀胱，如膀胱内有尿，即可见尿液流出。公牛、公猪、公羊因尿道有乙状弯曲，导尿较为困难。

2. 母马导尿

六柱栏保定，消毒液洗净外阴部。检查者手臂消毒，以一手伸入阴道内摸到尿道外口，用另一只手持母马导尿管沿尿道外口徐徐插入至膀胱内。必要时可使用阴道开张器，打开阴道，便于找到尿道外口。

四、排尿动作的检查

1. 健康动物的排尿姿势

（1）公牛和公羊：公牛和公羊排尿时，不做准备动作，阴茎也不伸出包皮外，腹肌也不参与收缩，只靠会阴部尿道的脉冲运动，尿液断续呈股状一排一排的流出，在行走和采食中也可排尿。

（2）母牛和母羊：排尿时，后肢展开、下蹲、举尾、背腰拱起。

（3）马：健康马在运动中不能排尿，正常姿势是前肢略向前伸，腹部和尻部略下沉，公马后肢向后，母马后肢略向前并微弯曲，举尾，先行一次吸气后暂停呼吸，开始排尿，并借助腹肌收缩而尿液呈股状射出。

（4）犬和猫：公犬和公猫排尿常将一后肢抬起翘在墙壁或其他物体，同时将尿液也拍在该物体上。母犬或幼犬有时坐位也可以排尿。

2. 排尿障碍的检查

（1）频尿和多尿：24h 内排尿次数增多而总量并不增多，称为频尿，多见于膀胱炎。而 24h 内排尿总量增多，而排尿次数并不明显增加，称为多尿，见于慢性肾炎等。

（2）少尿和无尿：24h 内排尿总量减少甚至没有尿液排出，称为少尿或无尿。通常见于循环血量减少的疾病、肾脏本身的疾病和尿路阻塞的疾病。

（3）尿闭：肾脏功能正常，但尿液滞留在膀胱内不能排出，多见于膀胱麻痹和脊髓腰荐段疾病等。

（4）排尿困难和疼痛：患畜通常表现为弓腰或背腰下沉，呻吟，努责，后肢踏地回顾或蹴踢腹部，阴茎下垂，并常引起排尿次数增加，频频试图排尿而无尿排出，或成点滴状排出，通常见于尿道阻塞。

（5）尿失禁：病畜排尿不受控制，未采取一定的准备动作和排尿姿势，尿液不自主地流出，通常见于腰部以上脊髓损伤。

五、尿液的感官检查

1. 尿色

（1）健康动物因种类、饲料、饮水和出汗等条件不同而不同，一般情况下，新鲜尿液均呈深浅不一的黄色，马尿为深黄色，黄牛为淡黄色，水牛和猪呈水样外观。

（2）尿液中含有多量的胆色素时，尿呈棕黄色、黄绿色，振荡后产生黄色泡沫，见于各种类型的黄疸。

（3）尿液呈红色，通常称为红尿，可能是血尿、血红蛋白尿、肌红蛋白尿、卟啉尿或药物红尿等。

2. 透明度

（1）通常情况下，健康动物的新鲜尿液清亮透明，但放置不久就会因磷酸盐沉淀而浑浊。但马属动物的尿液例外，因尿中含有大量悬浮的黏蛋白和不溶性磷酸盐，致使新鲜尿液即浑浊不透明。

（2）马属动物尿液变透明、色淡、清亮如水，见于纤维性骨营养不良。

（3）其他动物尿液浑浊，见于泌尿器官疾病或生殖器官疾病。

3. 黏稠度

（1）各种动物的尿液均呈稀薄水样，但马属动物尿中因含有肾脏、肾盂和输尿管内腺体分泌的黏蛋白而带有黏性，有时黏稠如糖浆样而可拉成丝缕。

（2）在各种原因引起的多尿或尿呈酸性反应时，黏稠度减少。

（3）当肾盂、肾脏、膀胱或尿道有炎症而尿中混有大量炎性产物（如黏液、细胞成分或血源性蛋白）时，尿黏稠度增高，甚至呈胶冻状。

4. 气味

（1）不同动物的新鲜尿液，因含有挥发性有机酸，而具有一定的臊臭味。

（2）膀胱炎时，尿液可产生刺鼻的氨臭。

（3）膀胱或尿道有溃疡、坏死、化脓或组织崩解时，尿液有腐败臭味。

（4）羊妊娠毒血症和奶牛酮病，尿液中有酮味，类似于烂苹果的味道。

【考核内容】

1. 肾脏的检查。
2. 母畜的导尿。

【考核标准】

表 9-2　考核标准（实验九）

序号	考核内容	评判标准	分值	得分
1	肾脏的检查 （100 分）	牛的左肾位于第 3~5 腰椎横突下面，右肾位于第 12 肋间及第 2~3 腰椎横突下面	20	
		马属动物的左肾位于最后胸椎及第 1~3 腰椎横突下面，右肾位于最后 2~3 胸椎及第 1 腰椎横突下面	20	
		视诊主要观察动物的站立姿势和运步情况，尤其要注意观察动物腰背的状态	20	
		按压触诊肾区，观察动物的敏感性变化	20	
		叩诊肾区，观察动物的敏感性变化	20	
2	母畜导尿 （100 分）	保定确实，外阴消毒	20	
		手臂消毒	20	
		以一手伸入阴道内摸到尿道外口	20	
		另一只手持母马导尿管沿尿道外口徐徐插入至膀胱内	20	
		尿液顺利导出	20	

【实验报告】

1. 尿道探诊在泌尿系统疾病诊断中有何意义？
2. 排尿障碍检查和尿液的感官检查对泌尿系统疾病的诊断有何价值？

实验十　生殖系统的检查

【实验动物】

牛2头，驴2头或马2匹。

【实验器械】

保定绳、阴道开张器、手电筒、温水及消毒液等。

【实验目的与要求】

1. 掌握大家畜外生殖器的检查方法。
2. 掌握乳房的检查内容和检查方法。

【实验内容】

1. 公畜外生殖器的检查。
2. 母畜外生殖器的检查。
3. 乳房的检查。

【实验方法】

一、公畜外生殖器检查

1. 阴囊检查

阴囊内有睾丸、附睾、精索和输精管。检查时应注意睾丸的大小、形状、硬度以及有无隐睾或新生物等。

（1）阴囊检查时，若阴囊呈椭圆形肿大，表面光滑、膨胀，有囊性感，触诊无压痛，有压痕，见于阴囊及阴鞘水肿。

（2）阴囊积液多是阴囊炎的征兆；若通过穿刺发现积液是血性液体，则提示外伤、肿瘤等。

（3）公马发生阴囊疝时，可见阴囊显著增大，有明显的腹痛症状，有时持续而剧烈，触诊阴囊有软坠感，同时阴囊皮肤温度降低，有冰凉感。

2. 睾丸的检查

睾丸检查应注意睾丸的大小、形状、温度及疼痛等。

（1）若睾丸明显肿大、疼痛，阴囊肿大，触诊时局部压痛明显、增温，而且患畜精神沉郁，食欲减退，体温升高，后肢外展，运步障碍，见于睾丸炎。

(2)如发热不退或睾丸肿胀和疼痛不减时，应考虑睾丸化脓性炎症的可能。

3. 精索的检查

精索主要发生精索硬肿，是去势之后的主要并发症。可为一侧或两侧，多伴有阴囊和阴鞘水肿，甚至可引起腹下水肿。触诊精索断端，可发现大小不一、坚硬的肿块，有明显的压痛和运步障碍。

4. 包皮

公猪和公羊最容易发生包皮炎。猪的包皮炎，在其包皮的前端部形成充满包皮垢和浊尿的球形肿胀，同时包皮口周围的阴毛被尿污染，包皮脂和脓秽物黏着在一起，致使发生排尿障碍。

5. 阴茎和龟头

（1）公畜阴茎损伤、阴茎麻痹、龟头局部肿胀及肿瘤较为多见。

（2）公畜阴茎较长，易发生损伤，受伤后可局部发炎、肿胀或溃烂，见尿道流血、排尿障碍、受伤部位疼痛和尿潴留等症状，严重者可发生阴茎、阴囊、腹下水肿和尿外渗，造成组织感染、化脓和坏死。

（3）龟头肿胀时，局部红肿，发亮，有的发生糜烂，甚至坏死，有多量渗出液外溢，尿道可流出脓性分泌物。

二、母畜外生殖器检查

母畜生殖器包括卵巢、输卵管、子宫、阴道和阴门，其外生殖器主要指阴道和阴门。

1. 阴门的检查

（1）主要注意阴门外有无分泌物和脱垂物等。阴门脱垂物常见于阴道脱出、子宫脱出或胎衣不下等。

（2）阴门外有血性黏液性分泌物见于发情。

（3）阴门中流出浆液性、黏液性或脓性污秽腥臭分泌物，见于阴道炎、子宫内膜炎或子宫蓄脓等。

2. 阴道的检查

（1）阴道检查需借助阴道开张器扩张阴道，并详细观察阴道黏膜的颜色、湿度、损伤、炎症、肿物及溃疡。

（2）健康母畜的阴道黏膜呈淡粉红色，光滑而湿润。发情时，可出现肿胀充血，并有黏性分泌物流出。

（3）阴道黏膜敏感性增高、疼痛、充血、出血、肿胀，见于阴道炎。

（4）阴道黏膜充血、阴道壁紧张，呈螺旋形皱褶，见于子宫扭转。

三、乳房的检查

乳房检查对乳腺疾病的诊断具有很重要的意义。在动物的一般临床检查中，尤其是泌乳母畜，除要注意全身状态外，应重点检查乳房。检查方法主要用视诊和触诊，并注意乳汁的性状。

1. 视诊

视诊应注意乳房大小、形状，乳房和乳头的皮肤颜色，有无发红、外伤、隆起、结节及脓疱等。牛、绵羊和山羊的乳房皮肤出现疹疱、脓疱及结节多为痘疹、口蹄疫的症状。患乳房炎时，乳房肿胀，乳汁性状改变。

2. 触诊

(1) 触诊可确定乳房皮肤的厚薄、温度、硬度及乳房淋巴结的状态，有无脓肿及其硬结部位的大小和疼痛程度。检查乳房温度时，应将手贴于相对称的部位进行比较。检查乳房皮肤厚薄和软硬时，应将皮肤捏成皱襞或由轻到重施压感觉之。触诊乳房实质即硬结病灶时，须在挤奶后进行。注意肿胀部位的大小、硬度、压痛及局部温度，有无波动或囊性感觉。

(2) 患乳房炎时，炎症部位肿胀、发硬，皮肤呈紫红色，有热痛反应，有时乳房淋巴结肿大，挤奶不畅。炎症可发生于整个乳房，有时仅限于某一乳区。因此，检查应遍及整个乳房，如脓性乳房炎发生表在脓肿时，可在乳房表面出现丘状突起。奶牛发生乳房炎结核时，乳房淋巴结显著肿大，形成硬结，触诊常无热痛。

(3) 乳汁感官检查，除隐性乳房炎病例外，多数乳房炎患病动物乳汁性状都有变化。检查时，除隐性病例外，多数乳房炎患病动物乳汁性状都有变化。检查时，可将各乳区的乳汁分别挤入手心或盛于器皿内进行观察，注意乳汁颜色、稠度和性状。如乳汁浓稠且内含絮状物或纤维蛋白性凝块，或浓汁、带血，多为乳房炎的重要特征，必要时进行乳汁的化学分析和显微镜检查。

【考核内容】

1. 母牛的外生殖器检查。
2. 奶牛的乳房检查。

【考核标准】

表 10-1　考核标准（实验十）

序号	考核内容	评判标准	分值	得分
1	母牛外生殖器的检查（100 分）	注意阴门外有无分泌物和脱垂物等	20	
		阴道开张器消毒	20	
		正确使用阴道开张器，扩张阴道，借助自然光或人工光源观察	20	
		观察阴道黏膜的颜色，健康动物的阴道黏膜呈粉红色，光滑而湿润	20	
		观察阴道黏膜分泌物，有无肿胀、出血、溃疡等	20	
2	奶牛的乳房检查（100 分）	蹲伏于奶牛腹部一侧，观察奶牛乳房的大小、形状	20	
		进一步观察乳房有无发红、外伤、隆起、结节及疱疹等	20	
		触诊乳房的温度、湿度和硬度	20	
		分别挤压 4 个乳区，确定有无乳汁，以及乳汁的性状	20	
		探针乳头管，判断是否通畅	20	

【实验报告】

1. 什么情况下需要对母畜外生殖器进行详细检查？
2. 乳房炎是奶牛最常见的疾病，是影响奶牛产奶的最主要的疾病，临床上应该采取哪些检查方法或预防措施确保奶牛乳房的健康？

实验十一　神经系统的检查

【实验动物】

牛2头，驴2头。

【实验器械】

保定绳、叩诊锤、针头、手电筒。

【实验目的与要求】

1. 掌握头颅与脊柱的检查方法。
2. 掌握感觉和反射功能的检查方法。

【实验内容】

1. 头颅和脊柱的检查。
2. 感觉机能的检查。
3. 反射机能的检查。
4. 运动机能的检查。

【实验方法】

一、头颅和脊柱的检查

(1) 头颅视诊、触诊时注意其形态、大小、温度、硬度及外伤等变化。必要时，可采用直接叩诊法，判定颅骨骨质的变化及颅腔及窦内部的状态。

(2) 注意脊柱的形态、是否有僵硬、局部肿胀、热痛反应及运步时的灵活情况。详细检查见实验十三。

二、感觉机能的检查

动物的感觉除视、嗅、听、味觉外，还包括皮肤的痛觉、触觉，腰、肌、关节感觉和内脏感觉。当感觉径路发生病变时，其兴奋性增高，对刺激的传送力增强，轻微刺激可引起强烈的反应，称为感觉过敏；当感觉径路有毁坏性病变传送能力丧失时，对刺激的反应减弱或消失。

1. 痛觉检查

(1) 检查时，为避免视觉干扰，应先把动物眼睛遮住，然后用针头以轻微的力量针刺皮肤，观察动物的反应。一般多由感觉较钝的臀部开始，再沿脊柱两侧向前，直至颈侧、头部。对四肢，可做环形针刺，较易发现不同神经区域的异常。

(2)健康动物针刺后立即出现反应，表现为相应部位的肌肉收缩、被毛颤动，或迅速回头、竖耳或做踢咬动作。检查时应注意是否存在感觉减弱、感觉消失或感觉过敏。

2. 深部感觉检查

(1)检查深部感觉，是人为地使动物四肢采取不自然的姿势，如使马的两前肢交叉站立，或将两后肢广为分开。

(2)当人为动作去除后，健康马迅速恢复原来的姿势，当深部感觉发生障碍时，则可较长时间内保持人为的姿势而不改变。

3. 瞳孔的检查

(1)瞳孔检查是用手电筒光从侧方迅速照射瞳孔，观察瞳孔的反应。健康动物在强光照射下，瞳孔迅速缩小；除去强光时，随即复原。

(2)检查时应注意瞳孔放大对光反应消失的变化，尤其是两侧瞳孔散大，对光反应消失。

(3)用手压迫或刺激眼球，眼球不动，表示中脑受侵害，是病情严重的表现。

三、反射机能的检查

反射是神经系统活动的最基本方式，是通过反射弧的结构和机能完成的，故通过反射检查，可辅助判定神经系统的损伤部位。

(1)耳反射：用细针、纸卷、毛束轻触耳内侧皮毛，正常时，表现摇耳和转头。反射中枢在延髓及第1~2节颈髓。

(2)鬐甲反射：用细针、指尖轻触马鬐甲部被毛，正常时，肩部皮肌发生震颤性收缩。反射中枢在第7节颈髓及第1~4节胸髓。

(3)肛门反射：轻触或针刺肛门皮肤，正常时，肛门括约肌产生一连串短而急促的收缩。反射中枢在第4~5节荐髓。

(4)腱反射：用叩诊锤叩击膝中直韧带，正常时，后肢膝关节部强力伸张。反射弧包括股神经的感觉、运动纤维和第3~4节腰髓。检查腱反射时，以横卧姿势，抬平被检肢，使肌肉松弛时进行为宜。

四、运动机能的检查

动物的运动，是在大脑皮层的控制下，由运动中枢和传导径以及外周神经原等部分共同完成。健康动物运动协调而有一定的秩序。

运动机能的检查，临床上除进行外科检查外，主要应注意强迫运动、共济失调、不随意运动和瘫痪等。

1. 强迫运动

强迫运动是指不受意识支配和外界因素影响，而出现的强制发生的一种不自主运动。检查时，应将病畜缰绳、鼻绳等松开，任其自由活动，方能客观地观察其运动情况。

(1)回转运动：病畜按统一方向做圆圈运动，圆圈的直径不变者称为圆圈运动或马场运动；以一肢为中心，其余三肢围绕这一肢在原地转圈者称为时针运动。牛、羊的脑包虫病可发生回转运动，此外，脑炎、李氏杆菌病也会出现回转运动。

(2)盲目运动：是指病畜无目的的徘徊，不注意周围事物，对外界刺激缺乏反应。有时不断前进，一直前进到头顶障碍物而无法再向前走时，则头抵障碍物不动。盲目运动由脑部炎症致大脑皮层额叶或小脑等局部病变或机能障碍引起。

(3)暴进暴退：患畜将头高举或沉下，以常步或速步，踉跄地向前狂进，甚至落入沟塘而不躲避，称为暴进；患畜头颈后仰，颈部痉挛而连续后退，后退时常颤抖，甚至倒地，称为暴退。暴进见于纹状体或视丘受损或视神经中枢被侵害；暴退见于摘除小脑的动物或颈痉挛后角弓反张时，如流行性脑脊髓炎等。

(4)滚转运动：病畜向一侧冲挤、倾倒、强制卧于一侧，或以身体长轴向一侧打滚时，称为滚转运动。滚转时，多伴有头部扭转和脊柱向打滚方向弯曲。出现此种症状，常是迷走、听神经、小脑脚周围的病变，使一侧前庭神经受损，从而迷走神经紧张性消失，以致身体一侧肌肉松弛所致。此外，剧烈腹痛也可出现滚转运动。

2. 共济失调

(1)静止性失调：是指动物站立时不能保持体位平衡。临床表现为头部摇晃，体躯左右摇摆或偏向一侧，四肢肌肉紧张力降低、软弱、战栗、关节屈曲、或摇摆。常四肢分开宽踏，如"酒醉状"。此失调见于小脑、小脑脚、前庭神经或迷走神经受损。

(2)运动性失调：站立时不明显，而在运动过程中出现共济失调。主要表现为后躯踉跄，整个身躯摇晃，步态笨拙；运步时肢高举，并过分向侧方伸出，着地用力，如涉水样步态。此失调见于大脑皮层、小脑、前庭和脊髓损伤时。

① 脊髓性失调：运步时左右摇晃，但头部歪斜。

② 前庭性失调：动物头颈屈曲及平衡遭受破坏，头向患侧歪斜，常伴发眼球震颤，遮闭其眼时失调加重。

③ 小脑性失调：不仅表现为静止性失调，而且表现为运动性失调，只当整个身体依附在固定物或游泳在水中时，运动障碍才会消失。此种失调不伴有眼球震颤，也不因遮眼而加重。

④ 大脑性失调：虽能走直线，但身躯向健侧偏斜，甚至在转弯时跌倒。

3. 不随意运动

不随意运动是指病畜意识清楚而不能自行控制肌肉的病态运动。检查不随意运动时，应注意不随意运动的类型、幅度、频率、发生部位和出现时间等。

(1)痉挛：肌肉的不随意收缩称为痉挛。大多数由于大脑皮层受刺激，脑干或基底神经受损伤所致。阵发性痉挛，是单个肌群发起的短暂、迅速、如触电样的一个跟着一个的重复收缩，突然发作，突然停止。强制性痉挛是指肌肉长时间的均等的持续性收缩，如同凝结在某种状态一样。而癫痫性痉挛在肌肉收缩上与阵发性痉挛或强直性痉挛相似，只是同时存在意识障碍。

(2)震颤：由于相互拮抗的肌肉的快速、有节律、交替而不太强的收缩产生的颤抖现象，称为震颤。检查时应注意观察其部位、频率、幅度和发生的时间。静止性震颤是静止时出现的震颤，运动后震颤消失，有时在支持一定体位时，震颤再次出现主要是由于基底神经节受损所致。运动性震颤也称为有意向震颤,是指在运动时出现的震颤,主要是由于小脑受损所致。混合型震颤是指静止时和运动时都发生的震颤,临床上常见于过劳、中毒、脑炎和脊髓疾病,有时也见于紧张、惊恐、寒冷或恶寒战栗时。

(3)纤维性震颤:是指单个肌纤维束的轻微收缩,而不扩及整个肌肉,不产生运动小型的轻微性痉挛。临床上常见先从肘肌开始,后延及肩部、颈部和躯干肌肉的某些纤维。

4. 瘫痪

当上、下运动神经原的损伤以致肌肉与脑之间的传导中断,或运动中枢障碍所导致的发生骨骼肌随意运动减弱或丧失,称为瘫痪或麻痹。根据神经系统损伤的解剖部位不同,可分为中枢性瘫痪和外周性瘫痪,两者的鉴别见表11-1。

表11-1 中枢性瘫痪与外周性瘫痪的鉴别

鉴别点	中枢性瘫痪	外周性瘫痪
肌肉张力	增高、痉挛性	降低、弛缓性
肌肉萎缩	缓慢、不明显	迅速、明显
腱反射	亢进	减弱或消失
皮肤反射	减弱或消失	减弱或消失

【考核内容】

1. 感觉机能的检查。
2. 反射机能的检查。

【考核标准】

表11-2 考核标准(实验十一)

序号	考核内容	评判标准	分值	得分
1	感觉机能的检查 (100分)	将动物眼睛遮住	20	
		针刺皮肤,观察动物反应	20	
		人为地使动物四肢采取不自然的姿势,观察动物的回复情况	20	
		用手电筒光从侧方迅速照射瞳孔,观察瞳孔的反应	20	
		用手压迫或刺激眼球,观察眼球的反应	20	
2	反射机能的检查 (100分)	用细针、纸卷、毛束轻触耳内侧皮毛,观察耳反射	25	
		用细针、指尖轻触马鬐甲部被毛,观察鬐甲反射	25	
		轻触或针刺肛门皮肤,观察肛门反射	25	
		用叩诊锤叩击膝中直韧带,观察腱反射	25	

【实验报告】

1. 不同部位感觉机能减退的临床意义是什么?
2. 什么情况下应该检查动物的反射机能?

实验十二　头部与颈部的检查

【实验动物】

牛 2 头，驴 2 头或马 2 匹。

【实验器械】

保定绳、叩诊器、手电筒、开口器。

【实验目的与要求】

1. 掌握头部的检查方法。
2. 掌握颈部的检查方法。

【实验内容】

1. 头的外形检查。
2. 眼的检查。
3. 鼻的检查。
4. 副鼻窦的检查。
5. 口腔的检查。
6. 咽、喉和气管的检查。
7. 食管的检查。

【实验方法】

一、头的外形检查

（1）检查者应位于头的正面、侧面进行观察，正常动物头部外形轮廓匀称，耳鼻端正。

（2）注意观察动物头颅的大小、对称性、各部比例及损伤等。尤其要注意由于面神经麻痹引起的单侧肌肉松弛的耳、眼睑、鼻梁、口唇下垂及头部歪斜等。

二、眼的检查

（1）健康动物眼睑开闭活动正常，眼球明亮，无分泌物，瞳孔对光反射敏感，视力正常。要注意观察动物的眼球、角膜、结膜、巩膜、虹膜及视网膜等有无病变，另外眼睑的内翻、外翻及第三眼睑增生等也要仔细观察。

(2) 注意眼睑肿胀, 羞明流泪, 眼球凹陷、震颤, 瞳孔对光的反应等。
(3) 瞳孔大小的变化, 对疾病的诊断具有重要意义。眼眶下陷常常是脱水的征兆。

三、鼻的检查

鼻部的检查, 主要是视诊、触诊和嗅诊。检查时, 注意鼻的外观形态、呼吸动作、呼出的气体、鼻液、鼻黏膜等。

1. 鼻的外观检查
(1) 健康动物的鼻镜或鼻盘湿润, 并带有少许水珠, 触之有凉感。
(2) 鼻镜或鼻盘干燥, 温度升高, 甚至龟裂、出血, 白色鼻镜或鼻盘的可见到发绀现象。
(3) 鼻孔开张, 呈喇叭状, 一般提示呼吸困难。

2. 呼出气体的检查
(1) 健康动物, 呼出气体无异常气味, 稍有温热感, 两侧气流均匀。
(2) 病畜可见两侧呼出气流均匀, 有较强的热感, 或带有恶臭味、腐败气味、烂苹果味和尿臭味等。
(3) 当怀疑有传染病的可能时, 检查者应戴口罩, 注意公共卫生。

3. 鼻液的检查
检查鼻液首先应注意鼻液的量, 其次是注意其性状、颜色、混杂物, 以及判断是单侧或双侧问题。
(1) 健康的马、骡等通常无鼻液, 寒冷季节可能有微量浆液性鼻液, 留有少量浆液性鼻液, 常被其舌自然舔去。
(2) 病畜有浆液性鼻液, 为清亮透明的液体; 黏液性鼻液, 似蛋清状; 脓性鼻液, 呈黄白色或淡黄绿色的糊状或膏状, 有脓臭味; 腐败性鼻液, 污秽不洁, 带褐色, 呈烂桃样或烂鱼肚样, 具有尸腐气味。
(3) 注意有无出血及出血特征、数量、混杂物、排出时间及单双侧等。

4. 鼻黏膜的检查
(1) 马的鼻黏膜检查可分为单手开鼻法和双手开鼻法。单手开鼻法, 一手托住下颌适当高举马头, 另一手以拇指和中指捏住鼻翼软骨和外鼻翼, 略向上翻, 同时用食指挑起鼻外翼, 鼻黏膜即可显露。双手开鼻法, 以双手拇指、中指分别捏住鼻翼软骨和外鼻翼, 并向上向外拉, 则鼻孔扩张, 鼻黏膜显露。
(2) 其他动物, 一般将头抬起, 使鼻孔对着阳光或人工光源, 即可观察到鼻黏膜。
(3) 检查时须做适当保定, 并注意人畜共患病的预防。
(4) 马的鼻黏膜为淡红色, 深部略呈蓝红色, 湿润有光泽。其他动物的鼻黏膜为淡红色, 但有些牛鼻孔周围的鼻黏膜有色素沉着。
(5) 病理情况下可出现潮红肿胀、出血、结节、溃疡、瘢痕, 有时可见水疱和肿瘤等。

四、副鼻窦的检查

(1) 借助视诊观察其外部形态, 借助触诊判断其温度、硬度和敏感性; 借助叩诊判断其内腔的含气量。

（2）健康鼻窦部完整，触之无痛，叩诊呈空盒音。

（3）病理情况下可见有窦区隆起、变形，有的病例兼有脓性鼻液，尤其低头时排出量增多。触诊有热痛，叩诊为浊音。

五、口腔的检查

1. 徒手开口法

（1）牛的徒手开口法：检查者位于牛头的侧方，可先用手轻轻拍打牛的眼睛，在其闭眼的瞬间，以一手的拇指和食指从两侧鼻孔同时伸入，并捏住鼻中隔向上提举，再用另一手伸入口腔中握住舌体并拉出，口即行张开。

（2）马的徒手开口法：检查者站于马头侧方，一手握住笼头，另一手食指和中指从一侧口角伸入并横向对侧口角，手指下压并握住舌体，将舌拉出的同时用另一手的拇指从另一侧口角伸入并顶住上颚，使口张开。

2. 开口器开口法

（1）开口器开口：一手握住笼头，一手持开口器自口角伸入，随动物张口而逐渐将开口器的螺旋形部分伸入上下臼齿之间，而使口腔张开。检查完一侧后，以同样的方法检查另一侧。

（2）重型开口器开口：首先将动物的头部确实保定，检查者将开口器的齿板嵌入上下门齿之间，同时保持固定，另由助手迅速旋动旋柄，渐渐随上下齿板的离开而打开口腔。

3. 注意事项

（1）开口时，注意防止动物咬伤手指；拉出舌体时用力不要过大，以免造成舌系带损伤；使用开口器时，对患骨软症的病畜要防止开张过大造成骨折。

（2）开口后要仔细检查口腔的湿度、温度、舌苔、牙齿、黏膜颜色及上下颚等。

六、咽、喉及气管的检查

1. 咽的检查

（1）主要检查方法是视诊和触诊。

（2）咽的外部视诊要注意头颈的姿势及咽周围有无肿胀。触诊时，可用两手同时自咽部左右两侧加压并向周围滑动，以感知其温度、敏感性及肿胀的硬度和特点。

2. 喉及气管的检查

（1）通过视诊可查明喉及气管部位的外部状态，注意有无肿胀等变化；检查者立于患畜的前侧，一手执笼头，一手从喉头和气管的两侧进行按压触压，判断其形态及肿胀的性状，也可在喉及气管的腹侧，自上而下听诊。

（2）健康动物的喉及气管外观无变化，触诊无疼痛反应。

（3）病理情况下，喉及气管区的肿胀，有时有热、痛反应，并伴发咳嗽，听诊可听到强烈的狭窄音、哨音和喘鸣音等。

七、食管的检查

（1）视诊时，注意吞咽过程饮水或食物沿食管沟通过的情况及有无局部肿胀。

（2）触诊时，检查者用两手分别由两侧沿颈部食管沟自上向下加压滑动检查，注意感知是否有肿胀、异物、内容物硬度，有无波动感及敏感反应。

【考核内容】

1. 马属动物鼻黏膜的检查。
2. 徒手开口法和器械开口法。

【考核标准】

表 12-1　考核标准（实验十二）

序号	考核内容	评判标准	分值	得分
1	马属动物鼻黏膜的检查 （100分）	单手开鼻法：一手托住下颌适当高举马头，另一手以拇指和中指捏住鼻翼软骨和外鼻翼，略向上翻，同时用食指挑起鼻外翼，鼻黏膜即可显露	25	
		双手开鼻法：以双手拇指、中指分别捏住鼻翼软骨和外鼻翼，并向上向外拉，则鼻孔扩张，鼻黏膜显露	25	
		马属动物的鼻黏膜为淡红色，深部略呈蓝红色，湿润有光泽	25	
		观察鼻黏膜有无潮红、肿胀、出血、结节、溃疡、瘢痕等	25	
2	马属动物徒手开口法 （100分）	检查者站于马头侧方	20	
		一手握住笼头	20	
		另一手食指和中指从一侧口角伸入并横向对侧口角	20	
		手指下压并握住舌体，将舌拉出	20	
		用另一手的拇指从另一侧口角伸入并顶住上颚，使口张开	20	
3	牛徒手开口法 （100分）	检查者位于牛头的侧方	20	
		先用手轻轻拍打牛的眼睛	20	
		在其闭眼的瞬间，以一手的拇指和食指从两侧鼻孔同时伸入	20	
		并捏住鼻中隔向上提举	20	
		用另一手伸入口腔中握住舌体并拉出	20	
4	器械开口法 （100分）	将动物的头部确实保定	25	
		将开口器的齿板嵌入上下门齿之间，同时保持固定	25	
		另由助手迅速旋动旋柄	25	
		随上下齿板的离开而打开口腔，撑开口腔的大小合适	25	

【实验报告】

1. 耳、口、鼻、眼检查分别可以指示哪些系统的疾病？
2. 哪些检查内容需要对动物进行开口？

实验十三　脊柱与肢蹄的检查

【实验动物】

牛 2 头，驴 2 头或马 2 匹。

【实验器械】

保定绳、叩诊锤。

【实验目的与要求】

1. 掌握脊柱的检查内容和检查方法。
2. 掌握肢蹄的一般检查和细部检查方法。

【实验内容】

1. 脊柱的检查。
2. 肢蹄的检查。

【实验方法】

一、脊柱的检查

脊柱是由颈椎、胸椎、腰椎、荐椎和尾椎 5 个部分的骨骼组成，由一系列椎骨借软骨、关节和韧带连接而成。

1. 检查方法

脊柱的检查方法主要为视诊和触诊。视诊主要观察脊柱的外形，有无弯曲、变形、凸起、凹陷等。触诊主要用单手或双手触摸脊柱及腰椎横突的骨骼形状及弹性变化，必要时可用较强的压力按压腰荐部，观察其下沉情况，正常时随着按压，动物的腰部灵活下沉。

2. 检查内容

（1）颈部突然歪斜、弯向一侧，局部肌肉僵直、出汗及运动功能障碍，应怀疑颈椎脱位或骨折。

（2）腰部拱起或凹陷，触诊椎骨变形，多见于骨软症或佝偻病。

（3）触诊腰荐部敏感，表现回视、躲闪、反抗，多为脊髓或脊髓膜炎或肾炎。

（4）用强力触压腰荐部的方法，检查其反射功能，正常时，表现为随按压动物腰部灵活下沉，如反应不灵或无反应，常提示要腰部风湿、骨软症或脊柱横断性损伤。

（5）触诊腰椎横突柔软变形以及末端部位的尾椎骨质被吸收，提示矿物质代谢紊乱，常为骨软症的初期症状。

（6）臀部肌肉震颤，表现为皮肤和被毛有节律不自主的交替收缩，可见于发热初期、疼痛性疾病及某些脑病或中毒等。

（7）尾部挺起，常提示破伤风。

二、肢蹄的检查

1. 一般检查

（1）四肢弯曲、变形，常见于幼龄动物的佝偻病；四肢关节粗大，可见于成年动物的骨软症及氟骨症。

（2）单一关节的肿胀，多提示关节炎，且伴有热、痛反应。

（3）某一肢蹄，尤其是后肢的弥漫性肿胀，可见于蜂窝织炎，且伴有热痛反应，而且多有明显外伤或感染创口；但是病程长而未见改善，多形成橡皮腿，触诊坚硬而热痛反应不明显。

（4）四肢下部浮肿，特别是后肢的病变，是全身浮肿的常见部位，多是由于慢性心脏衰弱引起。

（5）四肢皮肤溃疡，除局部病变外，如果发生连串的结节病有溃疡，应注意全身性的传染病。

（6）猪、牛、羊等蹄趾部水疱、破溃，乃至角质脱落，可提示口蹄疫或传染性水疱病；羊的蹄部溃疡并有恶臭味，是腐蹄病的特征。

2. 细部检查

肢蹄的各部位检查，主要方法为问诊、视诊和触诊。

（1）蹄部：蹄部检查主要注意蹄温和指（趾）的动脉亢进。检查时，一手抵前臂部或反肢的胫部做支点，另一手逐渐下摸至蹄部，检查者呈弯腰姿势，严禁下蹲，并尽可能靠近动物，以手背感知蹄的前臂、侧壁及蹄踵的温度。牛、猪蹄趾部的水疱、角质脱落、腐败和崩解，并带有恶臭气味，可疑为口蹄疫或传染性水疱病，马属动物多提示为蹄叉腐烂。

（2）系部及系关节：系部检查多用滑擦和压诊法。主要观察有无肿胀、湿疹、皮炎、腱鞘憩室、有无积液及骨折等。系关节是动物站立或运步间负重最大的部位，特别是近籽骨、韧带较多的地方。因此，多为四肢病的常发关节。检查时要注意关节的正常轮廓有无改变，有无异常的伸展与屈曲，关节憩室有无突出等变化。

（3）掌部：主要是用触诊方法检查掌骨和曲腱，注意有无疼痛和骨瘤。

（4）腕关节：腕关节触诊时应注意其表面温度，有无肿胀、疼痛。正常腕关节屈曲时，曲腱可接触前壁部；反之，屈曲程度变小并有疼痛感，是慢性或畸形性关节炎的特征。

（5）臂部及肘关节：臂部检查主要注意对臂三头肌、二头肌进行滑擦、压迫，以感知局部温度、紧张度及疼痛反应。臂部肌肉僵硬呈石板样，初期压迫极度敏感，是风湿的表现，当继发感染，出现剧烈疼痛、肿胀，是化脓性肌炎的特征。肘关节炎时，有肿胀、热痛、关节轮廓不清。关节韧带扭伤时，以指压迫关节凹陷，他动运动疼痛剧烈。

（6）肩胛骨和肩关节：主要用触诊法检查。按冈上肌和冈下肌肌纤维走向进行抚摸和压迫三角肌、肩胛肌和后角、肩胛软骨及肩胛骨，以感知局部温度、湿度、有无损伤及其敏感性变化等。肩关节，触诊注意关节的轮廓、肿胀、变形等异常状态。强行使其内收、外展、伸展、屈曲时，如表现疼痛，说明其反方向组织有疼痛过程，但必须注意，当实施他动运动时，应先证明肘关节以下部位无疼痛病灶，否则容易误诊。

（7）跗关节：跗关节触诊主要注意局部温度、肿胀、疼痛及波动。波动性肿胀在跟部，多为跟端黏液囊炎；关节憩室出现波动性肿胀，则为关节腔积液；在腱的径路上有波动性肿胀，可能为腱鞘炎。跗关节常发生硬肿，主要是由于韧带、软骨、骨膜等损伤引起，特别是在该关节内侧第三跗骨和中央跗骨之间发生的所谓"飞节内肿"。

（8）胫部：主要注意皮肤有无脱毛、肥厚及肿胀，特别是第3腓肌有无断裂变化。胫骨前肌和第3腓骨肌断裂时，胫前部不易摸到断端，但可看到跗关节特殊开张和跟腱迟缓。跟腱断裂时，可触知腓肠肌迟缓，并可摸到断端。

（9）膝关节：正常膝关节轮廓清楚，触诊可感知浅部的三条韧带。急性膝关节炎时，呈一致性肿胀，压之有剧痛。膝关节腔内有波动性肿胀是关节积液的特征。慢性畸形性关节炎时，在膝关节内侧，胫骨的关节端可出现鹅卵大到鸡卵大的硬固形肿胀。膝盖骨上方脱位时，提举患肢关节不能屈曲；外方脱位时，屈曲比较容易。触诊膝盖骨也可证明其变位的状态。

（10）股部：检查主要注意前外侧和内侧的股四头肌、阔筋膜张肌、股薄肌及缝匠肌等，感知其温度、弹性和疼痛反应。同时，注意腹股沟淋巴结有无肿胀，睾丸及腹股沟的情况。

（11）髋部：髋部检查包括髋骨、髋结节和臀肌。观察有无肿胀及热、痛反应，必要时可做直肠内部检查。

【考核内容】

1. 脊柱的视诊与触诊。
2. 肢蹄部的详细检查。

【考核标准】

表 13-1　考核标准（实验十三）

序号	考核内容	评判标准	分值	得分
1	脊柱的视诊与触诊（100分）	视诊主要观察脊柱的外形，有无弯曲、变形、凸起、凹陷等	25	
		单手或双手触摸脊柱及腰椎横突的骨骼形状及弹性变化必要时可用较强的压力按压腰荐部，观察其下沉情况	25	
		触诊腰荐部，观察其敏感性	25	
		触诊腰椎横突，感知其状态	25	
2	肢蹄部的详细检查（100分）	观察系部和系关节有无肿胀、湿疹、皮炎、腱鞘憩室有无积液及骨折等	10	
		触诊检查掌骨和曲腱，注意有无疼痛和骨瘤	10	
		触诊腕关节触诊，注意其表面温度、有无肿胀、疼痛	10	

（续）

序号	考核内容	评判标准	分值	得分
2	肢蹄部的详细检查（100分）	触诊臂部与肘关节，观察其敏感性	10	
		触诊肩胛骨和肩关节，观察其敏感性	10	
		触诊附关节，主要注意局部温度、肿胀、疼痛及波动	10	
		触诊胫部，注意皮肤有无脱毛、肥厚及肿	10	
		触诊膝关节浅部三条韧带，观察其敏感性	10	
		检查股部，主要注意前外侧和内侧的股四头肌、阔筋膜张肌、股薄肌及缝匠肌等，感知其温度、弹性和疼痛反应	10	
		检查髋部，包括髋骨、髋结节和臀肌，观察有无肿胀及热、痛反应	10	

【实验报告】

1. 哪些疾病可以导致脊柱外形发生变化？
2. 肢蹄检查在奶牛生产中有何重要作用？

实验十四　注射法与穿刺术

【实验动物】

牛2头，驴2头或马2匹，犬1只，羊4只，兔4只。

【实验器械】

保定绳、注射器、连续注射器、采血管、套管针、输液器、常规药物等。

【实验目的与要求】

1. 掌握皮内注射、皮下注射、肌内注射和静脉注射等方法。
2. 掌握静脉输液的方法。
3. 掌握心脏穿刺、腹腔穿刺、瘤胃穿刺等方法。

【实验内容】

1. 注射法。
2. 穿刺术。

【实验方法】

一、注射法

（一）皮内注射

1. 应用

用于某些疾病的变态反应诊断如牛结核、牛肝蛭病、副结核分枝杆菌病、马鼻疽等，或做药物过敏试验及炭疽Ⅱ苗、绵羊痘等的预防接种。

2. 准备

结核菌素注射器或1~2mL特制的注射器与短针头。炭疽Ⅱ苗预防接种的连续注射器以及应用药品等。

3. 部位

根据不同动物可在颈侧中部或尾根内侧。

4. 方法

左手拇指与食指将皮肤捏起皱襞，右手持注射器使针头尖与皮肤呈30度角刺入皮内约0.5cm，深达真皮层，即可注射规定量的药液。注毕，拔出针头，术部轻轻消毒，但应避免压挤。注射疫苗时应用碘仿火棉胶封闭针孔，预防药液流出或感染。注射准确时，可见注射局部形成小豆大的隆起，并感到推药时有一定阻力，如误入皮下则无此现象。

5. 注意事项

注射部位一定要认真判定准确无误，否则将影响诊断和预防接种的效果。

（二）皮下注射

1. 应用

将药液注射于皮下结缔组织内，经毛细血管、淋巴管吸收进入血液，发挥药效作用，而达到防治疾病的目的。凡是易溶解，无强刺激性的药品及疫苗、菌苗等，均可做皮下注射。

2. 准备

根据注射药量多少，可用 10～50mL 的注射器及针头。当吸引药液时，先将安瓿瓶封口端用酒精棉消毒，并随时检查药品名称及质量，然后打去顶端，再将连接针头的注射器插入安瓿瓶的药液中，慢慢抽出针筒活塞吸引药液到针筒中，吸完后排出气泡，用酒精棉包好针头。

3. 部位

多选在皮肤较薄、富有皮下组织、松弛容易移动、活动性较小的部位。大动物多在颈部两侧，猪在耳根后或股内侧，羊在颈侧、肘后或股内侧，禽类在翼下，犬可在颈侧及股内侧。

4. 方法

左手中指和拇指捏起注射部位的皮肤，同时以食指尖压皱褶向下陷呈窝，右手持连接针头的注射器，从皱褶基部的陷窝处刺入皮下 2～3cm，此时如感觉针头无抵抗，且能自由活动针头时，左手把持针头连接部，右手推压针筒活塞，即可注射药液。如需注射大量药液时，应分点注射。注完后，左手持酒精棉按住刺入点，右手拔出针头，局部消毒。必要时可对局部进行轻度按摩，促进吸收。

5. 利弊

（1）皮下注射的药液，可通过皮下结缔组织中的广泛的毛细血管吸收而进入血液。

（2）药物的吸收比经口给药和直肠给药发挥药效快而确实。

（3）与血管内注射比较，没有危险性，操作容易，大量药液也可注射，而且药效作用持续时间较长。

（4）皮下注射时，根据药物的种类，有时引起注射局部的肿胀和疼痛，特别对局部刺激较强的钙制剂、砷制剂、水合氯醛及高渗溶液等，易诱发炎症，甚至组织坏死。

（5）因皮下有脂肪层，吸收较慢，一般经 5～10min，才能呈现药效。

6. 注意事项

刺激性强的药品不能做皮下注射。多量注射补液时，需将药液加温后分点注射。注后应轻度按摩或进行温敷，以促进吸收。

(三)肌内注射

1. 应用

由于肌肉内血管丰富,药液注入肌肉内吸收较央。肌肉内的感觉神经较少,故疼痛轻微。所以,一般刺激性较强和较难吸收的药液,进行血管内注射。而有副作用的药液,油剂、乳剂等不能进行血管内注射的药液,为了缓慢吸收、持续发挥作用的药液等均可应用肌内注射。

2. 准备

同皮下注射。

3. 部位

大动物与犊、驹、羊、犬等多在颈侧及臀部;猪在耳根后、臀部或股内侧;禽类在胸肌部。但应避开大血管及神经的经路。图14-1为猪和马的肌肉注射部位。

图14-1 猪和马的肌内注射部位

4. 方法

(1)左手的拇指与食指轻压注射局部,右手如执笔式持注射器,使针头与皮肤呈垂直,迅速刺入肌肉内。一般刺入2～4cm,而后用左手拇指与食指握住露出皮外的针头结合部分,以食指指节顶在皮上,再用右手抽动针筒活塞,确认无回血后,即可注入药液。注射完毕,用左手持酒精棉球压迫针孔部,迅速拔出针头。

(2)以左手拇指、食指捏住针体后部,右手持针筒部,两手握注射器,垂直迅速刺入肌肉内,而后按上述方法注入药液。

(3)左手持注射器,先以右手持注射针头刺入肌肉内,然后把注射器转给右手,左手把住针头(或连接的乳胶管),右手持的注射器与针头(或连接的乳胶管)接合好,再行注入药液。

5. 利弊

(1)肌肉内注射由于吸收缓慢,能长时间保持药效、维持浓度。

(2)注射的药液虽然具有吸收较慢、感觉迟钝的优点,但不能注射大量药浆。

(3)由于动物的骚动或操作不熟练,注射针头或注射器的接合头易折断。

6. 注意事项

(1)针体刺入深度,一般只刺入2/3,不宜全长刺入,以防针体折断。

(2)对强刺激性药物(如水合氯醛、钙制剂,浓盐水等),不能肌内注射。

(3)注射针尖如接触神经时,则动物感觉疼痛不安,应变换方向,再注射药液。

(4)一旦针体折断,应立即拔出。如不能拔出时,先将病畜保定好,防止骚动,局部麻醉后迅速切开注射部位，用小镊子或钳子拔出折断的针体。

（四）静脉注射

1. 应用

静脉注射主要应用于大量的输液、输血，以治疗为目的急需速效的药物（如急救、强心等），以及刺激性较强的药物或皮下、肌肉不能注射的药物等。

2. 准备

（1）根据注射用量可备 50~100mL 注射器及相应的注射针头（或连接乳胶管的针头）。大量输液时则应用输液瓶（500~1 000mL），并以乳胶管连接针头，在乳胶管中段装以滴注玻璃管或乳胶管夹子，以调节滴数，掌握其注入速度。

（2）注射药液的温度要接近于体温。

（3）动物站立保定，使头稍向前伸，并稍偏向对侧。小动物可行侧卧保定。

3. 部位

马、牛、羊、骆驼、鹿、犬等均在颈静脉的上 1/3 与中 1/3 的交界处（图 14-2）；猪在耳静脉或前腔静脉；禽类在翼下静脉；特殊情况，牛也可在胸外静脉及母牛的乳房静脉。

4. 方法

（1）马的静脉注射

①首先确定颈静脉经路，然后术者用左手拇指横压注射部位稍下方（近心端）的颈静脉沟上，使脉管充盈怒张。

②右手持连接针头的注射器，使针尖斜面向上，沿颈静脉经路，在压迫点前上方约 2cm 处，使针尖与皮肤成 30~45 度角，准确迅速地刺入静脉内，并感到空虚或听到清脆声，见有回血后，再沿脉管向前进针，松开左手，同时用拇指与食指固定针头的连接部，靠近皮肤，放低右手减少其间角度，此时即可推动针筒活塞，徐徐注入药液。

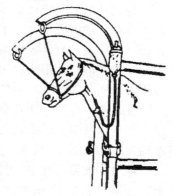

图 14-2 马的静脉注射

③可采取分解动作的注射方法，即按上述操作要领，先将针头（或连接乳胶管的针头）刺入静脉内，见有回血时，再继续向前进针，松开左手，连接注射器或输液瓶的乳胶管，即可徐徐注入药液。如为输液瓶时，应先放低输液瓶，验证有回血后，再将输液瓶提至与动物头同高，并用夹子将乳胶管近端固定于颈部皮肤上，药物则徐徐地流入静脉内。

④采用连接长乳胶管针头的一次注射法。先将连接长乳胶管的输液瓶或盐水瓶提高，流出药液，然后用右手将针头连接的乳胶管折叠捏紧，再按上述方法将针头刺入静脉内，输入药液。

⑤注射完毕，左手持酒精棉棒或棉球压紧针孔，右手迅速拔出针头，而后涂 5% 碘酊消毒。

（2）牛的静脉注射：牛的皮肤较厚且敏感，用马的静脉刺入方法较困难，一般应用突然刺针方法。即助手用牛鼻钳或一手握角，一手握鼻中隔，将牛头部安全固定，而后术者左手拇指压迫颈静脉的下方，或用一根细绳（或橡胶管）将颈部的中 1/3 下方缠紧，使静脉怒张，右手持针头，对准注射部位并与皮肤垂直，用腕的弹拨力迅速刺入血管，见有血液流出后，将针头再沿血管向前推送，连接注射器或输液瓶（或盐水瓶）的乳胶管，举起输液瓶则药液即可徐徐流入血管中。

（3）羊、犬的静脉注射：与马基本相同。

（4）猪的静脉注射

①耳静脉注射法（图14-3）：将猪站立或侧卧保定，耳静脉局部剪毛、消毒。具体方法如下：一人用手捏住猪耳背面的耳根部的静脉管处，使静脉怒张，或用酒精棉反复涂擦，并用手指头弹扣，以引起血管充盈；术者用左手把持耳尖，并将其托平；右手持连接针头的注射器，沿静脉管的经路刺入血管内，轻轻抽引针筒活塞，见有回血后，再沿血管向前进针；松开压迫静脉的手指，术者用左手拇指压住注射针头，连同注射器固定在猪耳上，右手徐徐推进针筒活塞即可

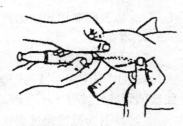

图14-3　猪的耳静脉注射

注入药液；注射完毕，左手拿酒精棉球紧压针孔处，右手迅速拔针。为了防止血肿或针孔出血，应压迫片刻，最后涂擦碘酊。

②前腔静脉注射法：用于大量输液或采血。前腔静脉是由左右两侧的颈静脉与腋静脉至第1对肋骨间的胸腔入口处时，于气管腹侧面汇合而成。

注射部位在第1肋骨与肋骨柄结合处的前方。由于左侧靠近膈神经，而易损伤，故多于右侧进行注射。针头刺入方向，呈近似垂直并稍向中央及胸腔方向，刺入深度依猪体大小而定，一般深2～6cm。为此，要选用适宜的16～20号针头。

取站立或仰卧保定。其方法是：站立保定时的部位在右侧，于耳根至胸骨柄的连线上，距胸骨端1～3cm处，术者拿连接针头的注射器，稍斜向中央并刺向第1肋骨间胸腔入口处，边刺入边回血，见有回血时，即标志已刺入胸腔静脉内，可徐徐注入药液；取仰卧保定时，胸骨柄可向前突出，并于两侧第1肋骨结合处的前面，侧方呈两个明显的凹陷窝，用手指沿胸骨柄两侧触诊时更感明显，多在右侧凹陷窝处进行注射；先固定好猪两前肢及头部，消毒后，术者持连接针头的注射器，由右侧沿第1肋骨与胸骨结合部前侧方的凹陷窝处刺入，并稍偏斜刺向中央及胸腔方向，边刺边回血，见回血后，即可注入药液，注完后左手持酒精棉球紧压针孔，右手拔出针头，涂碘酊消毒。

5. 利弊

（1）药液直接注入脉管内，随血液分布全身，药效快，作用强，注射部位疼痛反应较轻。但药物代谢较快，作用时间较短。

（2）病畜能耐受刺激性较强的药液（如钙制剂、水合氯醛、九一四等）和容纳大量的输液和输血。

（3）当注射速度过快，药液温度过低，可能引起副作用，同时有些药物发生过敏现象。

6. 注意事项

（1）严格遵守无菌操作规范，对所有注射用具、注射局部均应严格消毒。

（2）注射时要注意检查针头是否畅通，当反复刺入时常被组织块或血凝块堵塞，应随

时更换针头。

（3）注射时要看清脉管经路，明确注射部位，一针见血，防止乱刺，以免引起局部血肿或静脉炎。

（4）刺针前应排净注射器或输液乳胶管中的气泡。

（5）混合注入多种药液时，应注意配伍禁忌，油类制剂不能做静脉注射。

（6）大量输液时，注入速度不宜过快，以每分钟 10～20mL 为宜，药液最好加温至动物体相同温度，同时注意心脏功能。

（7）输液过程中，要经常注意动物表现，如有骚动、出汗、气喘、肌肉震颤等征象时，应及时停止注射。当发现输入液体突然过慢或停止以及注射局部明显肿胀时，应检查回血，放低输液瓶，或一手捏紧乳胶管上部，使药液停止下流，再用另一只手在乳胶管下部突然加压或拉长，并随即放开，利用产生的一时性负压，看其是否回血。另外，也可用右手小指与手掌捏紧乳胶管，同时以拇指与食指捏紧远心端前段乳胶管拉长，造成空隙，随即放开，看其是否回血。如针头已滑出血管外，则应顺针头或重新刺入。

7. 静脉注射时药液外漏的处理

静脉注射时，常由于未刺入血管或刺入后因病畜骚动而针头移位脱出血管外，致使药液漏于皮下。故当发现药液外漏时，应立即停止注射，根据不同的药液采取下列措施处理：

（1）立即用注射器抽出外漏的药液。

（2）如系等渗溶液（如生理盐水或等渗葡萄糖），一般很快自然吸收。

（3）如系高渗盐溶液，则应向肿胀局部及其周围注入适量的灭菌注射用水，以稀释之。

（4）如系刺激性强或有腐蚀性的药液，则应向其周围组织内，注入生理盐水。如系氯化钙溶液，可注入 10% 硫酸钠或 10% 硫代硫酸钠 10～20mL，使氯化钙变为无刺激性的硫酸钙和氯化钠。

（5）局部可用 5%～20% 硫酸镁进行温敷，以缓解疼痛。

（6）如系大量药液外漏，应做早期切开，并用高渗硫酸镁溶液引流。

（五）胸腔注射

1. 应用

为治疗胸膜炎，将某些治疗药物，直接注射于胸腔中兼起局部治疗作用；或可用于胸腔穿刺抽取胸腔积液，做实验室诊断。

2. 部位

马位于右侧第 6 肋间（左侧第 7 肋间），胸外静脉上方 2cm；反刍兽于右侧第 5 肋间（左侧第 6 肋间），同上部位；猪则于第 7 肋间。

3. 方法

（1）动物站立保定；术部消毒、剪毛。

（2）术者以左手于穿刺部位先将局部皮肤稍向上方拉动 1～2cm；右手持连接针头的注射器，沿肋骨前缘垂直刺入（深度 3～5cm）。

(3)注入药液(或吸取积液)后，拔出针头；使局部皮肤复位，进行消毒处理。

4. 注意

注射过程中应防止空气窜入胸腔。

(六)腹腔注射

1. 应用

主要用于注入药液治疗之用，由于腹膜腔能容纳大量药液并有吸收能力，故可做大量输液，常用于猪、犬和猫。

2. 部位

马在左侧肷窝部；牛在右肷窝部；较小的猪则宜在两侧后腹部(图14-4)。

3. 方法

(1)将猪两后肢提起，做倒立保定；局部剪毛、消毒。

(2)术者一手把握猪的腹侧壁，另一手持连接针头的注射器(或仅取注射针头)于距耻骨前缘3～5cm的中线旁，垂直刺入2～3cm。

(3)注入药液(或连接输液瓶的输液管，进行输液)，事毕拔出针头，局部消毒处理。

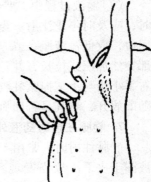

图14-4 猪的腹腔注射

4. 注意事项

腹腔注射宜用无刺激的药液；如进行大量输液时，则宜用等渗溶液，并将药液加温至近似体温的程度。

(七)动脉注射

1. 应用

主要用于肢蹄、乳房及头颈部的急性炎症或化脓性炎症疾病的治疗。一般使用普鲁卡因青霉素或其他抗生素及磺胺类药物注射。

2. 准备

与一般注射的准备相同，保定宜确实安全，消毒要彻底。

3. 部位

(1)肢蹄注射的部位

①正中动脉注射部位：前臂部上1/3的内侧面(肘关节下方2～3cm处)，桡骨内侧嵴的后方。

②掌骨大动脉(指总动脉)注射部位：掌骨内侧面上1/3和中1/3交界处，此处动脉较浅，在屈指深肌的前缘，即可触摸到该动脉的搏动。

③跖骨外侧动脉注射部位：跖骨外侧上1/3处的大跖骨和小跖骨之间的沟中。

(2)会阴动脉注射部位：在乳房后正中提缔带附着部的上方2、3指处，可触知会阴体表的会阴静脉，于会阴静脉侧方附近，与会阴静脉平行即为会阴动脉。

(3)颈动脉注射的部位：约在颈部的上1/3部，即颈静脉上缘的假想平行线与第6颈椎横突起的中央，向下引垂线，其交点即为注射部位。

4. 方法

(1) 正中动脉注射法：病畜侧卧保定，注射肢前方转位，然后用左手食指压迫动脉，用右手持连接乳胶管的针头，在压迫部位上方0.5cm处刺针。刺入皮肤后，取40~60度角将针头由上向下接近血管，当感到动脉搏动时以迅速的弹力刺入动脉内。如血液呈鲜红色脉搏样涌出时，即为正确。此时立刻连接注射器，注入药液。注后，左手持酒精棉球压迫注射部位，拔出针头，停留片刻压迫血管，而后用碘酊消毒。

(2) 掌骨大动脉(指总动脉)注射法：将前肢前方转位，保持伸展状态，左手拇指压迫掌骨大动脉，右手持针头对皮肤呈45度角的方向，向下刺入动脉内，注入药液。

(3) 跖背外侧动脉注射法：确定部位后，术者左手指在刺入部位下方，压迫沟内的动脉血管，右手持针头自压迫部的上方0.5~1cm处，取35~45度角向内方刺入，即可刺入该动脉内。

(4) 会阴动脉注射法：先以左手触摸到会阴静脉，在其附近，右手用针先刺入4~6cm深，此时稍有弹力性的抵抗感，再刺入即可进入动脉内，并见有搏动样的鲜红色血液涌出，立即连接注射器，徐徐注入药液。

(5) 颈动脉注射法：在病灶的同侧，注射部位消毒后，一手握住注射部位下方，另手持连接针头的注射器与皮肤呈直角刺入4cm左右。刺入过程同样有动脉搏动感，流出鲜红色血液，即可注入药液。

5. 利弊

(1) 动脉注射抗生素药物，直接作用于局部，发挥药效快，作用强。特别治疗乳房炎，经会阴动脉注射药液，可直接分布于乳腺的毛细血管内，迅速奏效。

(2) 动脉注射药液有局限性，不适合全身性治疗。注射技术要求高，不如静脉注射易掌握和应用广泛。

6. 注意事项

(1) 保定确实，操作要准确，严防意外。

(2) 当刺入动脉之后，应迅速连接注射器，防止流血过多，污染术部，影响操作。操作熟练者最好1次注入，以免出血。

(3) 注射药液时，要握紧针筒活塞，防止由于血压力量，而顶出针筒活塞。

(八) 气管内注射

1. 应用

将药液注入气管内。用于治疗肺脏与气管疾病及肺脏的驱虫。

2. 准备

病畜站立保定，抬高头部，术部剪毛、消毒。

3. 部位

根据动物种类及注射目的而注射部位不同。一般在颈上部，腹侧面正中，两个气管轮软骨环之间进行注射。猪的气管内注射见图14-5。

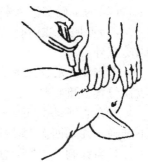

图14-5 猪的气管内注射

4. 方法

术者持连接针头的注射器，右手握住气管，于两个气管轮软骨环之间，垂直刺入气管内，此时摆动针头，感觉前端空虚，再缓缓滴入药液。注完后拔出针头，涂擦碘酊消毒。

5. 注意

（1）注射前宜将药液加温至畜体同温，以减轻刺激。

（2）注射过程如遇动物咳嗽时，应暂停，待安静后再注入。

（3）注射速度不宜过快，最好一滴一滴地注入，以免刺激气管黏膜，咳出药液。

（4）如病畜咳嗽剧烈，或为了防止注射诱发咳嗽，可先注射2%盐酸普鲁卡因溶液2～5mL（大动物），降低气管的敏感反应，再注入药液。

（九）心脏内注射

1. 应用

当病畜心脏功能急剧衰竭，静脉注射急救无效时，可将强心剂直接注入心脏内，恢复心功能来抢救病畜。此外，还应用于家兔、豚鼠等实验动物的心脏直接采血。

2. 准备

大动物用15～20cm长的针头，小动物用一般注射针头。注射药液多为盐酸肾上腺素。

3. 部位

牛在左侧肩端水平线下，第4～5肋间；马在左侧肩端水平线的稍下方，第5～6肋间；猪在左侧肩端水平线下第4肋间。

4. 方法

以左手稍移动注射部位的皮肤然后压住，右手持连接针头的注射器，垂直刺入心外膜，再进针3～4cm可达心肌。当针头刺入心肌时有心搏动感，注射器摆动，继续刺针可达左心室内，此时感到阻力消失。拉引针筒活塞时回流暗赤色血液，然后徐徐注入药液，很快进入冠状动脉，迅速作用于心肌，恢复心脏机能。注射完毕，拔出针头，术部涂碘酊。用碘仿火棉胶封闭针孔。

5. 注意事项

（1）动物确实保定，操作要认真，刺入部位要准确，以防损伤心肌。

（2）为了确实注入药液，可配合人工呼吸，防止由于缺氧引起呼吸困难而带来危险。

（3）心脏内注射时，由于刺入的部位不同，可引起各种危险，应严格掌握操作常规，以防意外。

①当注入心房壁时，因心房壁薄，伴随搏动而有出血的危险。此乃注射部位不当，应改换位置，重新刺入。

②在心搏动中如将药液注入心内膜时，有引起心动停搏的危险。这主要是注射前判定不准确，并未回血所造成。

③当针刺入心肌，注入药液时，也易发生各种危险。此乃深度不够所致，应继续刺入至心室内经回血后再注入。

④心室内注射容易，效果确实，但注入过急，可引起心肌的持续性收缩，易诱发急性

心搏动停止。因此,必需缓慢注入药液。

(4)心脏内注射不得反复应用,此种刺激可引起传导系统发生障碍。

(十)瓣胃内注射

1. 应用

将药液直接注入于瓣胃中,使其内容物软化通畅。主要用于治疗瓣胃阻塞。

2. 准备

用15cm长的(4×16~18号)针头,100mL注射器。注射用药品有液状石蜡、25%硫酸镁、生理盐水、植物油等。

3. 部位

瓣胃位于右侧第7~10肋间,其注射部位在右侧第9肋间与肩关节水平线相交点的下方2cm处(图14-6)。

4. 方法

术者左手稍移动皮肤,右手持针头垂直刺入皮肤后,使针头转向左侧肘头左前下方,刺入深度8~10cm,先有阻力感,当刺入瓣胃内则阻力减小,并有沙沙感。此时注入20~50mL生理盐水,再回抽如混有食糜或被食糜污染的液体时,即为正确。可开始注入所需药物(如25%~30%硫酸镁300~500mL,生理盐水2 000mL、液状石蜡500mL),注射完毕,迅速拔出针头,术部涂碘酊,以碘仿火棉胶封闭针孔。

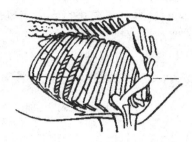

图14-6 牛的瓣胃注射

5. 注意事项

(1)操作过程中宜将病畜确实保定,注意安全,以防意外。

(2)注射中病畜骚动时,要确实判定针头是否在瓣胃内,而后再行注入药物。

(3)在针头刺入瓣胃后,回抽注射器,如有血液或胆汁,是误刺入肝脏或胆囊,表明位置过高或针头偏向上方的结果。这时应拔出针头,另行移向下方刺入。

(4)注射1次无效时,可每日注射1次,连注2~3次。必要时,为兴奋瓣胃机能,可应用吐酒石5.0~8.0g,加入水适量注入瓣胃内。

(十一)乳房注射

1. 应用

乳房注射是指将药液通过乳管注入乳池内,主要用于治疗奶牛、奶山羊的乳房炎。有时也通过乳导管注入空气即乳房送风,治疗奶牛生产瘫痪。乳房注射一般应用导乳管或尖端磨得光滑的16~18号长针头,50mL、100mL的注射器或注入瓶。

2. 方法(图14-7)

(1)动物站立保定,挤尽乳汁,拭干后用70%酒精消毒乳头。

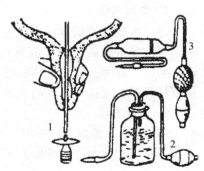

图14-7 乳房注射法
1. 插入乳导管 2. 注药瓶
3. 乳房送风器

(2)以左手将乳头握于掌内,轻轻向下拉,右手持消毒的导乳管,自乳头口慢慢插入。

(3)再以左手指把握乳头及乳导管,右手持注射器与导乳管结合(或将输液瓶的输液管与乳导管链接),然后慢慢进行注入。

(4)注完后,拔出导乳管或针头,以左手拇指和食指捏闭乳头口,右手按摩乳房,使药液扩散。

3. 注意事项

(1)注射前挤尽乳汁,注入后要充分按摩,注意期间不要挤乳。

(2)如果洗涤乳池,将洗涤药液注入后即可挤出,反复数次,直至挤出液透明为止,最后注入抗生素溶液。

(3)如果是进行乳房送风,可将导乳管或针头与乳房送风器连接,也可将100mL注射器结合端垫两层灭菌纱布后与导乳管或针头链接。4个乳头分别充气,充气量以乳房的皮肤紧张、乳腺基部的边缘清楚变厚、轻扣乳房发出鼓音为标准。充气后,拔出导乳管或针头,立即用手指轻轻捻转乳头肌,并接系纱布条,防止空气溢出,经1h后解除。

(十二)后海穴注射

1. 应用

后海穴注射是指将药液通过注射器注入后海穴,以达到预防和治疗疾病的目的。后海穴注射适用于治疗各种原因引起的腹泻、消化不良、胎衣不下和骨软病等,适用于注射局麻药进行直肠检查和后躯的一般外科手术,此外还适用于多种疫苗的接种。

2. 位置

海穴又名交巢穴,位于肛门与尾根之间的凹陷处。

3. 方法

拉起动物尾巴,先后用碘酊和酒精局部消毒后,术者持连接注射器的针头在凹陷的中央顺脊柱方向平行刺入1~5cm(视动物的种类和个体大小而定),注入药液,拔出针头用酒精棉球稍加按压即可。

4. 常用药物

治疗大肠杆菌病和沙门氏菌病等细菌性疾病时,可用庆大霉素、诺氟沙星、环丙沙星和恩诺沙星等药物;治疗传染性胃肠炎、流行性腹泻等病毒性疾病时常用畜毒清、双黄连、利巴韦林等抗病毒药物;进行直肠检查和外科手术时可用普鲁卡因等局麻药物;进行免疫接种时,可选用相应的疫苗。

5. 注意事项

(1)树立无菌观念:注射时对穴位所在部位进行严格消毒,防止感染。后海穴所在部位处于尾根和肛门之间的凹窝内,通常情况下都被粪便所污,若不进行严格消毒,很容易引起感染。

(2)认穴要准确:注射时要认准穴位,严格按照操作规程进行操作,插入的深度要适当。

(3)要积累丰富的药理学知识:穴位注射是一种中西医结合的治疗方法,穴位为

"中"，而药物通常为"西"。为了达到应有的治疗目的，要求我们平时多注意积累相关的药理学知识，要注意药物的性能、药理作用、剂量、配伍禁忌、毒副作用和过敏反应等。凡副作用大、刺激作用过强的药物使用时应严格控制剂量，还要注意防止不宜做静脉注射的药物误入血管内，葡萄糖尤其是高渗葡萄糖不要注入皮下，一定要注入深部等。

二、穿刺术

（一）喉囊穿刺

1. 应用

当喉囊内蓄积炎性渗出物，而发生咽下及呼吸困难时，应用本穿刺术排出炎性渗出物和洗涤喉囊进行治疗。

2. 准备

喉囊穿刺器或普通的套管针、注射针，外用消毒药等。

大动物于柱栏内站立保定，头部用扁绳确实保定，呈自然下垂伸展至能采食地上草料为宜。并将头略偏绳结系于保定栏的前柱，另一助手与马头取同一方向，用手固定马头。必要时可行局部麻醉。

3. 部位

在第1颈椎横突中央向前1指宽处。

4. 方法

左手压住术部，右手持穿刺针垂直穿过皮肤后，针尖转向对侧外眼角的方向缓慢进针。当针通过肌肉时稍有抵抗感，达喉囊后抵抗立即消减，拔出套管内针芯，然后连接洗涤器送入空气，如空气自鼻孔逆出而发生特有的音响时，则除去洗涤器，再连接注射器，吸出喉囊内的炎性渗出物或脓液。以治疗为目的，可在排脓冲洗后，注入治疗药液，如0.1%雷佛奴尔溶液等。喉囊洗涤后，再注入汞溴红溶液，经喉囊自鼻孔流出后，拔去套管，术后局部涂碘酊，再用碘仿火棉胶封闭穿刺孔。

5. 注意事项

（1）病畜头部须确实保定，并使其充分垂向前下方，以防误咽药物、脓液入胃内或气管内。

（2）在穿刺过程中，须防止损伤腮腺，如有出血时，可提高头部；若大量出血，可静脉注射氯化钙及其他止血剂。

（二）心包腔穿刺

1. 应用

应用于排除心包腔内的渗出液或脓液，并进行冲洗和治疗，或采取心包液供鉴别诊断。主要用于牛的创伤性心包炎。

2. 准备

用带乳胶管的16~18号长针头，及小动物用的一般注射针头。动物站立保定，中小动物右侧卧保定，使左前肢向前伸半步，充分暴露心区。

3. 部位

牛于左侧第6肋骨前缘,在肘突水平线上为穿刺部位(图14-8)。

4. 方法

左手将术部皮肤稍向前移动,右手持针头沿肋骨前缘垂直刺入2~4cm,然后连接注射器边进针边抽吸,直至抽出心包液为止。如为脓液需冲洗时,可注入防腐剂,反复洗净为止。术后拔出针头,严密消毒。

5. 注意事项

(1)操作要细致认真,防止粗暴,否则易造成死亡。
(2)必要时可进行全身麻醉,确保安全。
(3)进针时,要防止针头晃动或过深而刺穿心脏。
(4)为防止发生气胸,应将附在针头的胶管折曲压紧,闭合管腔。

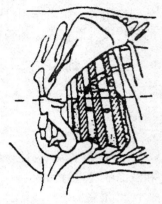

图14-8　牛的心包穿刺位置

(三)骨髓穿刺

1. 应用

采取骨髓液用于焦虫病、锥虫病、马传染性贫血及白血病等的诊断。有时用于骨髓的骨髓细胞学、生化学的研究和诊断。

2. 准备

骨髓穿刺针或带芯的普通针头、注射器等(图14-9)。

3. 部位

马是由鬐甲顶点向胸骨引一垂线,与胸骨中央隆起线相交,在交点侧方1cm处的胸骨上(左、右侧均可)。牛是由第3肋骨后缘向下引一垂线,与胸骨正中线相交,在交点前方1.5~2cm。

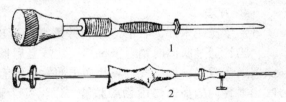

图14-9　骨髓穿刺器
1. 大动物骨髓穿刺器　2. 小动物骨髓穿刺器

4. 方法

左手确定术部,右手将针微向内上方倾斜。穿透皮肤及胸肌,抵于骨面时须用力向骨内刺入。成年马、牛约刺入1cm,幼畜约0.5cm,当针尖阻力变小,即为刺入骨髓。这时可拔出针芯,接上注射器,徐徐吸引,即可抽出骨髓液。穿刺完毕,插入针芯,拔出穿刺针,术部严密消毒,涂碘仿火棉胶封闭穿刺孔。

5. 注意事项

(1)骨髓穿刺时,如针有强力抵抗不易刺入,或已刺入而无骨髓液吸出时,可改换位置重新穿刺。
(2)本手术常因手术错误,而误刺入胸腔内损伤心脏,故宜特别谨慎。
(3)骨髓液比较富有脂肪,不能均匀涂于载玻片上,而血液则相反。

（四）胸腔穿刺

1. 应用

主要用于排出胸腔的积液、血液，或洗涤胸腔及注入药液进行治疗。也可用于检查胸腔有无积液，并采取胸腔积液，从而鉴别其性质，有助于诊断。

2. 准备

套管针或 16~10 号长针头。胸腔洗涤剂，如 0.1% 雷佛奴尔溶液、0.1% 高锰酸钾溶液、生理盐水（加热至体温程度）等。还需用输液瓶。

3. 部位

牛、羊、马在右侧第 6 肋间，左侧第 7 肋间，猪、犬在右侧第 7 肋间。具体位置在与肩关节引水平线相交点的下方 2~3cm 处，胸外静脉上方约 2cm 处。

4. 方法

左手将术部皮肤稍向上方移动 1~2cm，右手持套管针用指头控制 3~5cm 处，在靠近肋骨前缘垂直刺入。穿刺肋间肌时有阻力感，当阻力消失而有空虚时，表明已刺入胸腔内，左手把持套管，右手拔去内针，即可流出积液或血液，放液时不宜过急，应用拇指不断堵住套管口，间断地放出积液，预防胸腔减压过急，影响心肺功能。如针孔堵塞不流时，可用内针疏通，直至放完为止。

有时放完积液后，需要洗涤胸腔时，可将装有消毒药的输液瓶的橡胶管或注射器连接在套管口上（或注射针），高举输液瓶，药液即可流入胸腔，然后将其放出。如此反复冲洗 2~3 次，最后注入治疗性药物。操作完毕，插入内针，拔出套管针（或针头），使局部皮肤复位，术部涂碘酊，以碘仿火棉胶封闭穿刺孔。

5. 注意事项

（1）穿刺或排液过程中，应注意防止空气进入胸腔内。

（2）排出积液和注入洗涤剂时应缓慢进行，同时注意观察染病畜有无异常表现。

（3）穿刺时须注意防止损伤肋间血管与神经。

（4）刺入时，应以手指控制套管针的刺入深度，以防过深刺伤心肺。

（5）穿刺过程遇有出血时，应充分止血，改变位置再行穿刺。

（五）腹腔穿刺

1. 应用

用于排出腹腔的积液和洗涤腹腔，注入药液进行治疗。或采取腹腔积液，以助于胃肠破裂、肠变位、内脏出血、腹膜炎等疾病的鉴别诊断。

2. 准备

同胸腔穿刺。

3. 部位

牛、羊在脐与膝关节连线的中点；马在剑状软骨突起后 10~15cm，白线两侧 2~3cm 处为穿刺点；犬在脐至耻骨前缘的连线上中央，白线旁两侧。

4. 方法

术者蹲下，左手稍移动皮肤，右手控制套管针（或针头）的深度，由下向上垂直刺入 3～4cm。其余的操作方法同胸腔穿刺。

当洗涤腹腔时，马属动物在左侧肷窝中央，牛、鹿在右侧肷窝中央，小动物在肷窝或两侧后腹部。右手持针头垂直刺入腹腔，连接输液瓶胶管或注射器，注入药液，再由穿刺部排出，如此反复冲洗2～3次。

5. 注意事项

（1）刺入深度不宜过深，以防刺伤肠管。
（2）穿刺位置应准确，保定要安全。
（3）其他参照胸腔穿刺的注意事项。

（六）瘤胃穿刺

1. 应用

用于瘤胃急性臌气时的急救排气和向瘤胃内注入药液。

2. 准备

大套管针或盐水针头，羊可用一般静脉注射针头。若是牛还需要外科刀及缝合器材等。

3. 部位

在左侧肷窝部，由髋结节向最后肋骨所引水平线的中点，距腰椎横突10～12cm处，也可选在瘤胃隆起最高点穿刺（图14-10）。

4. 方法

先在穿刺点旁1cm做一小的皮肤切口（牛有时也可不切口，羊一般不切），术者再以左手将皮肤切口移向穿刺点，右手持套管针将针尖置于皮肤切口内，向对侧肘头方向迅速刺入10～12cm，左手固定套管，拔出内针，用手指不断堵住管口，间歇放气，使瘤胃内的气体

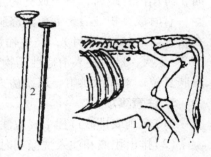

图14-10 牛的瘤胃穿刺
1. 穿刺部位 2. 套管针

间断排出。若套管堵塞，可插入内针疏通。气体排出后，为防止复发，可经套管向瘤胃内注入制酵剂，如牛可注入1%～2.5%福尔马林溶液300～500mL，或5%克辽林溶液200mL，或乳酸、松节油20～30mL等。注完药液插入内针，同时用力压住皮肤切口，拔出套管针，消毒创口，对皮肤切口行1针结节缝合，涂碘酊，以碘仿火棉胶封闭穿刺孔。

在紧急情况下，无套管针或盐水针头时，可就地取材（如竹管、鹅翎或静脉注射针头等）进行穿刺，以挽救病畜生命，然后再采取抗感染措施。

5. 注意事项

（1）放气速度不宜过快，防止发生急性脑贫血，造成虚脱。同时注意观察病畜的表现。
（2）根据病情，为了防止臌气继续发展，避免重复穿刺，可将套管针固定，留置一定时间后再拔出。

(3)穿刺和放气时,应注意防止针孔局部感染。因放气后期往往伴有泡沫样内容物流出,污染套管口周围并易流进腹腔而继发腹膜炎。

(4)经套管注入药液时,注药前一定要确切判定套管仍在瘤胃内后,方能注入。

(七)肠穿刺

1. 应用

常用于盲肠或结肠内积气的紧急排气治疗,也可用于向肠腔内注入药液。

2. 准备

盲肠穿刺同瘤胃穿刺,结肠穿刺时宜用较细的套管针。

3. 部位

(1)马盲肠穿刺部位在右侧肷窝的中心,即距腰椎横突约1掌处。或选在肷窝最明显的突起点(图14-11)。

(2)马结肠穿刺部位在左侧腹部膨胀最明显处。

4. 方法

操作要领同瘤胃穿刺。盲肠穿刺时,可向对侧肘头方向刺入6~10cm;结肠穿刺时,可向腹壁垂直刺入3~4cm,其他按瘤胃穿刺要领进行。

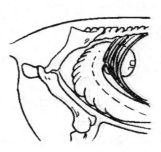

图14-11 马的盲肠穿刺部位

5. 注意事项

参照瘤胃穿刺。

(八)膀胱穿刺

1. 应用

当尿道完全阻塞发生尿闭时,为防止膀胱破裂或尿中毒,进行膀胱穿刺排出膀胱内的尿液,进行急救治疗。

2. 准备

需用连有长橡胶管的针头。大动物站立保定,中、小动物侧卧保定。并须进行灌肠排除积粪。

3. 部位

大动物可通过直肠穿刺膀胱;中、小动物在后腹部耻骨前缘,触摸有膨满弹性感,即为术部。

4. 方法

(1)大动物施术法:术者将连有长橡胶管的针头握于手掌中,手呈锥形缓缓伸入直肠,首先确认膀胱位置,在膀胱充满的最高处,将针头向前下方刺入。然后,固定好针头,尿液即可经橡胶管排出。直至尿液排完后,再将针头拔出,同样握于掌中,带出肛门。

如需洗涤膀胱时,可经橡胶管另端注入防腐剂或抗生素水溶液,然后再排出,直至透明为止。

(2)中、小动物施术法:侧卧保定,将左或右后肢向后牵引转位,充分暴露术部,于耻骨前缘触摸膨满波动最明显处，左手压迫，右手持针头向后下方刺入，并固定好针头，待排完尿液，拔出针头。术部消毒，涂火棉胶。

5. 注意事项

（1）经直肠穿刺膀胱时，应充分灌肠排出宿粪。

（2）针刺入膀胱后，应很好握住针头，防止滑脱。

（3）若进行多次穿刺时，易引起腹膜炎和膀胱炎，宜慎重。

（4）大动物努责严重时，不能强行从直肠内进行膀胱穿刺。必要时给以镇静剂后再行穿刺。

（九）关节腔穿刺

1. 应用

关节腔穿刺用于诊断和治疗关节疾病，如排除积液、注入药液或冲洗关节腔等。

2. 部位

常用于穿刺的关节有球关节、腕关节、跗关节等。

3. 方法

站立或横卧保定，术部剪毛、消毒。以球关节穿刺为例，在掌骨、系韧带和近籽骨上缘所形成的凹陷内，针头与掌骨侧面成45度角由上向下刺入3~4cm，完毕后拔出针头，局部用碘酊消毒。

【考核内容】

1. 皮下注射、肌内注射和静脉注射。
2. 腹腔穿刺和瘤胃穿刺。

【考核标准】

表14-1　考核标准（实验十四）

序号	考核内容	评判标准	分值	得分
1	皮下注射（100分）	根据要求准确抽取一定量的注射药物，要求操作规范，刻度准确，注射器内无气泡	12.5	
		选择合适的注射部位	12.5	
		注射部位消毒	12.5	
		左手中指和拇指捏起注射部位的皮肤，同时以食指尖压皱褶向下陷呈窝	12.5	
		右手持连接针头的注射器，从皱褶基部的陷窝处刺入皮下2~3cm	12.5	
		感觉针头无抵抗，且能自由活动针头时，左手把持针头连接部	12.5	
		右手推压针筒活塞，直至药液全部推完	12.5	
		注完后，左手持酒精棉按住刺入点，右手拔出针头，局部消毒	12.5	

（续）

序号	考核内容	评判标准	分值	得分
2	肌内注射 （100分）	根据要求准确抽取一定量的注射药物，要求操作规范，刻度准确，注射器内无气泡	10	
		选择合适的注射部位	15	
		注射部位消毒	10	
		左手的拇指与食指轻压注射局部	10	
		右手如执笔式持注射器，使针头与皮肤呈垂直，迅速刺入肌肉内	10	
		一般刺入2~4cm，而后用左手拇指与食指握住露出皮外的针头结合部分，以食指指节顶在皮上	10	
		用右手抽动针筒活塞，确认无回血后，注入药液	15	
		注射完毕，用左手持酒精棉球压迫针孔部，迅速拔出针头	10	
		大动物也可先将注射器针头刺入肌肉，然后连接注射器，其他操作方法与前面相同	10	
3	静脉注射 （100分）	选择相应规格的注射器	5	
		根据要求准确抽取一定量的注射药物，要求操作规范，刻度准确，注射器内无气泡	5	
		大动物站立保定，小动物可选择侧卧或俯卧保定	5	
		选择合适的静脉	5	
		选择恰当的保定方法，确保注射静脉不受局部运动的影响	10	
		注射部位剪毛、消毒	10	
		压迫血管近心端，使静脉充盈	10	
		右手持连接针头的注射器，使针尖斜面向上，沿颈静脉经路，在压迫点前上方约2cm处，使针尖与皮肤成30~45度角，准确迅速地刺入静脉内	10	
		感到空虚或听到清脆声，见有回血后，再沿脉管向前进针	10	
		松开压迫部位，放低右手减少其间的角度，推动针管活塞，徐徐注入药液	10	
		注射完毕，左手持酒精棉棒或棉球压紧针孔，右手迅速拔出针头	10	
		压迫时间不少于1min，以免注射部位出血	10	
4	腹腔穿刺 （100分）	套管针或16~10号长针头	12.5	
		牛、羊在脐与膝关节连线的中点；马在剑状软骨突起后10~15cm，白线两侧2~3cm处为穿刺点；犬在脐至耻骨前缘的连线上中央，白线旁两侧	12.5	
		蹲下，左手稍移动皮肤	12.5	
		右手控制套管针（或针头）的深度，由下向上垂直刺入3~4cm	12.5	
		感到阻力消失而有空虚时，表明已刺入胸腔内，左手把持套管，右手拔去内针，排出积液或血液	12.5	
		针孔堵塞不流时，可用内针疏通	12.5	
		放完积液后，由针孔注入腹腔洗涤液（如0.1%的高锰酸钾溶液），反复冲洗2~3次	12.5	
		穿刺结束后，碘酊消毒，并用碘仿火棉胶封闭穿刺孔	12.5	

(续)

序号	考核内容	评判标准	分值	得分
5	瘤胃穿刺 （100 分）	穿刺部位在左侧肷窝部，由髋结节向最后肋骨所引水平线的中点，距腰椎横突 10~12cm 处，	15	
		穿刺部位碘酊消毒，酒精脱碘	10	
		先在穿刺点旁 1cm 做一小的皮肤切口	10	
		术者再以左手将皮肤切口移向穿刺点	15	
		右手持套管针将针尖置于皮肤切口内，向对侧肘头方向迅速刺入 10~12cm	10	
		左手固定套管，拔出内针，用手指不断堵住管口，间歇放气，使瘤胃内的气体间断排出	10	
		气体排出后，为防止复发，可经套管向瘤胃内注入制酵剂，如牛可注入 1%~2.5% 福尔马林溶液 300~500mL，或 5% 克辽林溶液 200mL，或乳酸、松节油 20~30mL 等	10	
		注完药液插入内针，同时用力压住皮肤切口，拔出套管针，消毒创口，对皮肤切口行 1 针结节缝合	10	
		涂碘酊，以碘仿火棉胶封闭穿刺孔	10	

【实验报告】

1. 在临床诊疗中，如何合理选用皮下注射、肌内注射和静脉注射？
2. 穿刺有什么作用？

实验十五　投药法与灌洗术

【实验动物】

牛2头，驴2头或马2匹，羊4只，犬2只。

【实验器械】

保定绳、胃管、导尿管、灌肠器、橡胶灌药瓶、开口器、子宫冲洗器、冲洗器、消毒液及各种冲洗药液。

【实验目的与要求】

1. 掌握常用的投药技术及其注意事项。
2. 掌握常用的灌洗技术及其注意事项。
3. 了解不同投药法和灌洗术的应用范围。

【实验内容】

1. 投药法。
2. 灌洗术。

【实验方法】

一、投药法

（一）经鼻给药法

用胃管经鼻腔插入食道，将药液注入胃内的方法。

1. 应用

用于灌服大量水剂、可溶于水的药物或有恶臭的刺激性药物，适用于各种动物。

2. 准备

根据动物种类选用相应的口径及长度的橡胶管。牛、马可用特制的胃管，其一端钝圆；驹、猪、羊、犬可用大动物导尿管，漏斗或投药用唧筒（投药用加压泵）。

胃管用前应以温水清洗干净，排出管内残水，前端涂以润滑剂（如液状石蜡、凡士林等），而后盘成数圈，涂油端向前，另端向后，用右手握好。

3. 方法

(1) 马属动物经鼻给药法

①将病马妥善保定，畜主站在马头左侧握住笼头，固定马头不要过度前伸。

②术者站于马头稍右前方，用左手无名指与小指伸入左侧上鼻翼的副鼻腔，中指、食指伸入鼻腔与鼻腔外侧的拇指固定内侧的鼻翼。

③右手持胃管将前端通过左手拇指与食指之间沿鼻中隔徐徐插入胃管，同时左手食指、中指与拇指将胃管固定在鼻翼边缘，以防病畜骚动时胃管滑出。

④当胃管前端抵达咽部后，随病畜咽下动作将胃管插入食道。有时病畜可能拒绝不咽，推送困难，此时不要勉强推送，应稍停或轻轻抽动胃管（或在咽喉外部进行按摩），诱发吞咽动作，视机将胃管插入食道。

⑤为了检查胃管是否正确进入食道内，可做充气检查。再将胃管前端推送到颈部下1/3处，在胃管另端连接漏斗，即可投药。也可连接投药唧筒，将药液压送入胃内。

⑥投药完了，再灌以少量清水，冲净胃管内残留药液，而后右手将胃管折曲一段，徐徐抽出，当胃管前端退至咽部时，以左手握住胃管与右手一同抽出。用毕胃管洗净后，放在2%煤酚皂溶液中泡浸消毒备用。

(2) 牛经鼻给药法：操作与马基本相同，但胃管达到咽部时，易使前端折回口腔，而被咬碎，一般较少用。

(3) 驹经鼻给药法：操作与成马相同，但胃管应细，一般使用大动物导尿管即可。

(二) 经口给药法

1. 应用

主要用于少量的水剂药物或粉剂、研碎的片剂，加适量的水而制成溶液、混悬液、糊剂。中药及其煎剂以及片剂、丸剂、舔剂等，各种动物均可应用。例如，苦味健胃剂也要经口给药。

2. 准备

要准备好灌角、投药橡胶瓶、小勺、系上颌保定器、鼻钳、丸剂投药器等。

3. 方法

具体方法依动物种类、剂型及用具不同而异。

(1) 马(骡、驴)经口给药法

①病畜站立保定，用一条软细绳从柱栏横木铁环中穿过，一端制成圆套从笼头鼻梁下面穿过，套在上腭切齿后方，另端由助手或畜主拉紧将马头吊起，使口角与耳根平行，助手(畜主)的另一手把住笼头。

②术者站在右或左前方，一手持药盆，另一手持盛满药液的灌角，自一侧口角通过门、臼齿间的空隙插入口中送向舌根，翻转灌角并提高把柄，将药液灌入，取出灌角，待其咽下后再灌，直至灌完。

③投给片剂、丸剂或舔剂时，术者用一手从一侧口角伸入拇指顶上颚打开口腔，另一手持药片、药丸或用竹片刮取舔剂，自另侧口角送入舌根部，同时抽出另手使其闭口，并

用右手托其下颌骨，使头稍高抬，待其自行咽下。

投入丸剂时，可用丸剂投药器，先将药丸装入投药器内，术者持投药器自一侧口角送向舌根部，迅速将药丸打出，同时抽出投药器，使头稍高抬，即可咽下。

(2) 牛经口胃管给药法（图15-1）

① 病畜于保定栏内站立保定，装着鼻钳或一手握住角根，另手握鼻中隔，使头稍高抬，固定头部。而后装着横木开口器，系在两角根后部。

② 术者取备好的胃管（与马经鼻给药相同），从开口器中间的孔隙插入，其前端抵达咽部时，轻轻抽动，以引起吞咽动作，随咽下动作将胃管插入食道。

③ 其他操作与马经鼻给药法相同。

④ 灌完后，慢慢抽出胃管，再解下开口器。

(3) 牛经口瓶子给药法

① 多用特制橡胶瓶，或用长颈玻璃瓶、竹筒代替，保定方法同上。

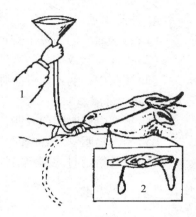

图15-1 牛的经口给药

② 术者站在斜前方，左手从牛的一侧口角处伸入腔，并轻压舌头，右手持盛满药液的药瓶，自另侧口角伸入舌背部抬高瓶底，并轻轻震抖。如用橡胶瓶时可压挤瓶体促进药液流出，在配合吞咽动作中继续灌服，直至灌完。注意不要连续灌注，以免误咽。片剂、丸剂及舔剂的给药法与马相同。

(4) 猪经口给药法（图15-2）

图15-2 猪的经口给药

① 经口胃管给药时，一人抓住猪的两耳，将前躯夹于两腿之间。如果是大猪可用鼻端固定器固定，然后用木棒撬开口腔，并装着横木开口器，系于两耳后固定。术者取胃管（大动物的导尿管也可），从开口器中央的圆孔间，将胃管插入食道。其他的操作要领与牛的经口胃管给药法相同。

② 哺乳仔猪给药时，助手右手握两后肢，左手从耳后握住头部，并用拇指与食指压住两边口角，使猪呈腹部向前而头向上的姿势，术者一手用小木棒将嘴撬开，另一手用药勺或注射器自口角处，徐徐灌入药液。

③ 育成猪或后备猪给药时，助手握住两前肢，使腹部向前将猪提起，并将后躯夹于两

腿间，或将猪仰卧在猪槽中。给药时可用小灌角、药勺灌服，方法同小仔猪。

④如系片剂、丸剂，可直接从口角送入舌背部，舔剂可用小勺或竹片送入。投入药后使病畜闭嘴自行咽下。

(5) 犊、羊的给药法：一般采取经口给药，在保定后，按猪的经口给药法进行。

4. 注意事项

(1) 每次灌入的药量不宜过多，不要太急，不能连续灌，以防误咽。

(2) 头部吊起或仰起的高度，以口角与眼角呈水平线为准，不宜过高。

(3) 灌药中，病畜如发生强烈咳嗽时，应立即停止灌药，并使其头部低下，使药液咳出，安静后再灌。

(4) 猪在嚎叫时喉门开张，应暂停灌服，停叫后再灌。

(5) 当动物咀嚼、吞咽时，如有药液流出，应用药盆接取，以免流失。

(6) 胃管给药时的判定与注意事项，同马的经鼻给药法。

二、灌洗术

(一) 洗眼法与点眼法

1. 应用

主要用于各种眼病，特别是结膜与角膜炎症的治疗。

2. 准备

(1) 洗眼用器械：冲洗器、洗眼瓶、带胶帽吸管等，也可用 20mL 注射器代用。洗眼药通常用：2%~4%硼酸溶液、0.01%~0.03%高锰酸钾溶液、0.1%雷佛奴尔溶液及生理盐水等。

(2) 常备点眼药：0.5%硫酸锌溶液、3.5%盐酸可卡因溶液、0.5%阿托品溶液、0.1%盐酸肾上腺素溶液、0.5%锥虫黄甘油、2%~4%硼酸溶液、1%~3%蛋白银溶液等。还有抗生素配制的点眼药，或抗生素眼膏和其他药物配制的眼膏(2%~3%黄降汞眼膏、2%~3%白降汞眼膏、10%敌百虫眼膏)等。

3. 方法

动物于柱栏内站立保定，先确实固定头部，用一手拇指与食指翻开上眼睑，另手持冲洗器(洗眼瓶、注射器等)，使其前端斜向内眼角，徐徐向结膜上灌药液冲洗眼内分泌物。或用细胶管由鼻孔插入鼻泪管内，从胶管游离端注入洗眼药液，更有利于洗去眼内的分泌物和异物。如冲洗不彻底时，可用硼酸棉球轻拭结膜囊。洗净之后，左手食指向上推上眼睑，以拇指与中指捏住下眼睑缘向外下方牵引，使下眼睑呈一囊状，右手拿点眼药瓶，靠在外眼角眶上，斜向内眼角，将药液滴入眼内，闭合眼睑，用手轻轻按摩1~2下，以防药液流出，并促进药液在眼内扩散。如用眼膏时，可用玻璃棒一端蘸眼膏，横放在上下眼睑之间，闭合眼睑，抽去玻璃棒，眼膏即可留在眼内。用手轻轻按摩1~2下，以防流出。或直接将眼膏挤入结膜囊内。

4. 注意事项

(1) 操作中防止动物骚动，点药瓶或洗眼器与病眼不能接触。与眼球不能成垂直方向，以防感染和损伤角膜。

(2) 点眼药或眼膏应准确点入眼内，防止流出。

(二) 鼻腔的冲洗

1. 应用

主要用于鼻炎，特别是慢性鼻炎的治疗。

2. 准备

大动物于柱栏内站立保定，使病畜头部下垂确实固定。中、小动物侧卧保定，使头部处于低位。大动物用橡胶管连接漏斗或注射器连接橡胶管。小动物可用吸管。冲洗剂选择具有杀菌、消毒、收敛等作用的药物。一般常用生理盐水、2%硼酸溶液、0.1%高锰酸钾溶液及0.1%雷佛奴尔溶液等。

3. 方法

一手固定鼻翼，另一手持漏斗(或注射器)连接的橡胶管，插入鼻腔20cm左右，缓慢注入药液，冲洗数次。

4. 注意事项

(1) 冲洗时须使头部低下，确实固定。不要加压冲洗，以防误咽。

(2) 禁用强刺激性或腐蚀性的药液冲洗。

(三) 窦腔的冲洗

1. 应用

主要用于额窦炎及上下颌窦炎圆锯术的治疗性冲洗。

2. 准备

同鼻腔的冲洗。冲洗剂还可应用抗生素或磺胺类药物水溶液。

3. 方法

将冲洗器胶管或水管放入圆锯孔内，缓慢注入药液，由鼻孔流出，反复冲洗，洗净窦内分泌物。

4. 注意事项

同鼻腔的冲洗。

(四) 尿道及膀胱的冲洗

1. 应用

主要用于尿道炎及膀胱炎的治疗。目的是为了排除炎性渗出物，促进炎症的治愈。也可用于导尿或采取尿液供化验诊断。

本法母畜操作容易，公畜只能用于马。

2. 准备

根据动物种类备用不同类型的导尿管，用前将导尿管放在0.1%高锰酸钾溶液或温水中浸泡5~10min，前端蘸液状石蜡，冲洗药液宜选择刺激或腐蚀性小的消毒、收敛剂，常用的有生理盐水、2%硼酸、0.1%~0.5%高锰酸钾、1%~2%石炭酸、0.2%~0.5%

单宁酸、0.1%~0.2%雷佛奴尔等溶液,也常用抗生素及硝胺制剂的溶液(冲洗药液要与体温相等)。注射器与洗涤器,术者手与外阴部及公畜阴茎、尿道口要清洗消毒。

3. 方法

助手将畜尾拉向一侧或吊起,术者将导尿管握于掌心,前端与食指同长,呈圆锥形伸入阴道(大动物15~20cm),先用手指触摸尿道口,轻轻刺激或扩张尿道口,视机插入导尿管,徐徐推进,当进入膀胱后,导尿管另端连接洗涤器或注射器,注入冲洗药液,反复冲洗,直至排出药液呈透明状为止(图15-3)。

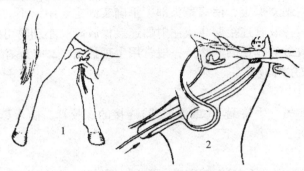

图15-3　公马的尿道尿导管插入

当识别尿道口有困难时,可用开膣器开张阴道,即可看到尿道口。

公马冲洗膀胱时,先于柱栏内固定好两后肢,术者蹲于马的一侧,将阴茎拉出,左手握住阴茎前部,右手持导尿管,插入尿口徐徐推进,当到达坐骨弓附近则有阻力,推进困难,此时助手在肛门下方可触摸到导尿管前端,轻轻按压辅助向上转弯,术者与此同时继续推送导尿管,即可进入膀胱。冲洗方法与母畜相同。

4. 注意事项

(1)插入导尿管时前端宜涂润滑剂,以防损伤尿道黏膜。

(2)防止粗暴操作,以免损伤尿道及膀胱壁。

(3)公马冲洗膀胱时,要注意人畜安全。

(五)阴道及子宫的冲洗

1. 应用

阴道冲洗主要为了排出炎性分泌物,用于阴道炎的治疗。子宫冲洗用于治疗子宫内膜炎,排出子宫内的分泌物及脓液,促进黏膜修复,尽快恢复生殖功能。

2. 准备

根据动物种类准备无菌的各型开膣器、颈管钳子、颈管扩张棒、子宫冲洗管、洗涤器及橡胶管等。冲洗药液有微温生理盐水、5%~10%葡萄糖、1%雷佛奴尔溶液及0.1%~0.5%高锰酸钾等溶液,还可用抗生素及磺胺类制剂。

3. 方法

先充分洗净外阴部,而后插入开膣器开张阴道,即可用洗涤器冲洗阴道。如冲洗子宫时,先用颈管钳子钳住子宫外口左侧下壁,拉向阴唇附近。然后依次应用由细到粗的颈管扩张棒，插入颈管使之扩张，再插入子宫冲洗管。通过直肠检查确认冲洗管已插入子宫角内之后，用手固定好颈管钳子与冲洗管。然后将洗涤器的胶管连接在冲洗管上，可将药液注入子宫内，边注入边排出（另侧子宫角也同样冲洗），直至排出液透明为止。

4. 注意事项

（1）操作过程要认真，防止粗暴，特别是在冲洗管插入子宫内时。须谨慎预防子宫壁穿孔。

（2）不得应用强刺激性或腐蚀性的药液冲洗。量不宜过大，一般 500~1 000mL 即可。

（六）灌肠

1. 应用

通过药液的吸收、洗肠和排除积粪，可用于治疗肠炎、胃肠炎、胃卡他和大肠便秘等疾病，也可排除肠内异物，或给动物补充营养物质。有时也可灌入镇静剂及造影剂做 X 光检查。

2. 方法

（1）动物站立保定，中、小动物也可侧卧保定。若直肠内有宿粪时，应通过直检或指检人工排除宿粪。肛门周围用温水洗干净。

（2）灌肠的一般方法是助手将尾巴拉起并偏向一侧，灌肠者将微温的灌肠液或药液盛于漏斗（或吊桶）内，一手捏紧胶管，吊挂在适当高处，另一手将胶管涂上液体石蜡，然后缓慢插入肛门至直肠深部。松开捏紧胶管的手，液体即可慢慢注入直肠，边流边向漏斗内倾加液体，并随时用手指刺激肛门周围，使肛门紧缩，防止注入液体流出。灌完后拉出胶管。

中、小动物除用小动物灌肠器外，还可用输液瓶和输液管进行灌肠，方法基本同上。

3. 注意事项

（1）灌肠时，采用木质或球胆塞肠器插入肛门或直肠内，以固定胶管，防止液体外漏。若不用塞肠器时，可将胶管直接插入肠内，用手把胶管和肛门一起捏住，也可防止液体漏出。

（2）若排泄反射强烈时，为使肛门和直肠弛缓，在插管前可用2%普鲁卡因溶液 10~20mL 进行后海穴注射封闭。

（3）治疗大肠便秘时，灌注后不要立即流出，一段时间后让其排出，必要时相隔 30~60min 后再次灌肠。

（4）灌注量不宜过多，防止肠腔过度紧张使肠壁损伤。在灌肠时应细心操作，防止肠壁损伤，引起出血和穿孔。

（5）灌入的液体应加温到与体温相近。

【考核内容】

1. 胃管的插入。
2. 灌肠。

【考核标准】

表 15-1　考核标准（实验十五）

序号	考核内容	评判标准	分值	得分
1	胃管的插入（经鼻插入法）（100 分）	根据动物种类选用相应的口径及长度的胃管	10	
		胃管用前应以温水清洗干净，排出管内残水，前端涂以润滑剂，后盘成数圈，涂油端向前，另端向后，用右手握好	10	
		妥善保定动物头部	10	
		站于动物头部稍右前方	10	
		左手无名指与小指伸入左侧上鼻翼的副鼻腔，中指、食指伸入鼻腔与鼻腔外侧的拇指固定内侧的鼻翼	10	
		右手持胃管将前端通过左手拇指与食指之间沿鼻中隔徐徐插入胃管，同时左手食指、中指与拇指将胃管固定在鼻翼边缘，以防病畜骚动时胃管滑出	10	
		胃管前端抵达咽部后，随病畜咽下动作将胃管插入食道	10	
		若动物拒绝吞咽，应稍停或轻轻抽动胃管（或在咽喉外部进行按摩），诱发吞咽动作，伺机将胃管插入食道	10	
		抽出胃管时，右手将胃管折曲一段，徐徐抽出，当胃管前端退至咽部时，以左手握住胃管与右手一同抽出	10	
		整个操作过程，头部吊起或仰起的高度，以口角与眼角呈水平线为准，不宜过高	10	
2	灌肠（100 分）	动物站立保定，中、小动物也可侧卧保定，肛门周围用温水洗干净	15	
		助手将尾巴拉起并偏向一侧	15	
		灌肠者将微温的灌肠液或药液盛于漏斗（或吊桶）内，一手捏紧胶管，吊挂在适当高处	15	
		另一手将胶管涂上液体石蜡，然后缓慢插入肛门至直肠深部	15	
		松开捏紧胶管的手，液体即可慢慢注入直肠，边流边向漏斗内倾加液体，并随时用手指刺激肛门周围，使肛门紧缩，防止注入液体流出	15	
		灌完后拉出胶管	10	
		拉出胶管后，站于动物侧方，按压动物尾部，防止灌肠液即刻流出；小动物可提起两后肢，使所灌液体在肠腔内多停留一段时间	15	

【实验报告】

1. 在临床诊疗中，胃管的插入有何意义？
2. 灌肠在临床上有哪些具体的应用？

实验十六 处方的开具与书写

【实验动物】

临床病畜4头(只)。

【实验器械】

保定器械、听诊器、叩诊器、病历夹、处方签、体温计及常用诊疗设备等。

【实验目的与要求】

1. 掌握兽医处方的书写规范。
2. 熟悉兽医处方笺的样式,理解兽医处方及处方笺在疾病诊疗中的作用与意义。

【实验内容】

1. 学习兽医处方的格式及应用规范。
2. 制作兽医处方笺样式。
3. 临床病例诊断及处方开具。

【实验方法】

一、兽医处方格式及应用规范

1. 基本要求

(1)本规范所称兽医处方,是指执业兽医师在动物诊疗活动中开具的,作为动物用药凭证的文书。

(2)执业兽医根据动物诊疗活动的需要,按照兽药使用规范,遵循安全、有效、经济的原则开具兽医处方。

(3)职业兽医师在注册单位签名留样或者专用签章备案后,方可开具处方。兽医处方经执业兽医师签名或者盖章后有效。

(4)执业兽医师利用计算机开具、传递兽医处方时,应同时打印出纸质处方,其格式与手写处方一致;打印的纸质处方经执业兽医师签名或盖章后有效。

(5)兽医处方限于当次诊疗结果用药,开具当日有效。特殊情况下需要延长有效期的,由开具兽医处方的执业兽医师注明有效期限,但有效期最长不得超过3天。

(6)除兽用麻醉药品、精神药品、毒性药品和放射药品外,动物诊疗机构和执业兽医师不得限制动物主人持处方到兽药经营企业购药。

2. 处方笺格式

兽医处方笺规格和样式由农业部规定，从事动物诊疗活动的单位应当按照规定的规格和样式印制兽医处方笺或者设计电子处方笺。兽医处方笺规格如下：

(1) 兽医处方笺一式三联，可以使用同一种颜色纸张，也可使用三种不同颜色纸张。

(2) 兽医处方笺分为两种规格：小规格为长 210mm、宽 148mm；大规格为长 296mm、宽 210mm。

3. 处方笺内容

兽医处方笺内容包括前记、正文、后记三部分，要符合以下标准：

(1) 前记：对个体动物进行诊疗的，至少包括动物主人姓名或者动物饲养单位名称、档案号、开具日期和动物的种类、性别、体重、年(日)龄。

对群体动物进行诊疗的，至少包括饲养单位名称、档案号、开具日期和动物的种类、数量、年(日)龄。

(2) 正文：包括初步诊断情况和 Rp。Rp 应分别列兽药名称、规格、数量、用法、用量等内容；对于食品动物还应当注明休药期。

(3) 后记：至少包括执业兽医签名或盖章和注册号、发药人签名或盖章。

4. 处方书写要求

(1) 动物基本信息、临床诊断情况应当填写清晰、完整，并与病例记载一致。

(2) 字迹清楚原则上不得涂改；如需修改，应当在修改处签名或盖章，并注明修改日期。

(3) 兽药名称应当以兽药国家标准载明的名称为准。兽药名称简写或者缩写应当符合国内通用写法，不得自行编制兽药缩写名或使用代号。

(4) 书写兽药规格、数量、用法、用量及休药期要准确规范。

(5) 兽医处方中包含兽用化学药品、生物制品、中成药的，每种兽药应当另起一行。

(6) 兽药剂量和数量用阿拉伯数字书写。剂量应当使用法定剂量单位：质量以千克(kg)、克(g)、毫克(mg)、微克(μg)、纳克(ng)为单位；容量以升(L)、毫升(mL)为单位；有效量单位以国际单位(IU)、单位(U)为单位。

(7) 片剂、丸剂、胶囊剂以及单剂量包装的散剂、颗粒剂以 g 或 kg 为单位；单剂量包装的溶液剂以支、瓶为单位，多剂量包装的溶液剂以 mL 或 L 为单位；软膏剂乳膏剂以支、盒为单位；单剂量包装的注射剂以支、瓶为单位，多剂量包装的注射剂以 mL 或 L、g 或 kg 为单位，应当注明含量；兽用中药自拟方应当以剂为单位。

(8) 开具处方后的空白处应当划一斜线，表示处方完毕。

(9) 执业兽医师注册号可采用印刷或者盖章方式填写。

5. 处方的保存

(1) 兽医处方开具后，第一联由从事动物诊疗互动的单位留存，第二联由药房或者兽药经营企业留存，第三联由动物主人或者饲养单位留存。

(2) 兽医处方由处方开具、兽药核发单位妥善保存二年以上。保存期满后，经动物所在单位主要负责人批准、登记备案，方可销毁。

二、制作兽医处方笺样式

表 16-1　兽医处方笺样式

_____处方笺		第一联 从事动物诊疗活动的单位留存
动物主人/饲养单位_____　档案号_____		
动物种类_____　动物性别_____　体重/数量_____		
年(日)龄_____　开具日期_____		
诊断：	Rp：	
执业兽医师_____　注册号_____　发药人_____		

三、临床病例诊断及处方开具

1. 患病动物登记

（1）通过问诊或检查手段，准确记录患病动物的相关信息，包括动物种类、品种、年龄、体重、数量、性别等。

（2）通过问诊的方式，了解动物主人的相关信息，包括姓名、单位、联系方式等。

2. 临床病例诊断

（1）病史调查：询问病史，包括发病的时间、地点，病程的长短，主要症状表现，可能的病因，治疗情况，用药情况及疾病发展趋势等。

（2）临床检查：应用基本临床检查方法，如问诊、视诊、听诊、触诊、叩诊和嗅诊，搜集临床症状，并结合病史做出初步诊断。

（3）实验室检查：必要时可做适当的实验室检查，如血常规、尿常规、镜检以及快速诊断试纸等，进一步进行确诊。

（4）特殊检查：必要时，可进行 X 光、超声或内窥镜等影像设备检查，为进一步确诊提供依据。

3. 处方开具

（1）自行设计一个动物诊疗机构的名称，填写于表头的空白处。

（2）填写患病动物的基本信息，及其饲养员或主人的相关信息，并注明处方开具日期。

（3）给出初步诊断或确诊结果，不能准确诊断的，可写出主要临床表现替代诊断结果。

（4）按照处方开具要求，开出处方，特别要注意药物的剂型、剂量和使用方法，其中剂量的书写要符合规范。

（5）处方开好后，要据实签名，并根据相关规则自行编写注册号，填于相应的空白处；发药人可找同组的同学审核并签字。

【考核内容】

处方书写的规范性。

【考核标准】

表 16-2　考核标准（实验十六）

序号	考核内容	评判标准	分值	得分
1	处方书写的规范性（100 分）	基本信息填写完整	10	
		诊断准确	10	
		药物名称规范	10	
		药物剂量计算准确	10	
		药物剂量单位符合要求	10	
		联合用药无配伍禁忌	10	
		所选药物对症	10	
		药物使用方法标注明确	10	
		字迹清晰无涂改	10	
		签名准确规范	10	

【实验报告】

1. 制作处方笺并开具规范处方。
2. 处方在疾病诊疗中有什么作用？

参考文献

刘建柱. 2013. 动物临床诊断学[M]. 北京：中国林业出版社.
邓干臻. 2009. 兽医临床诊断学[M]. 北京：科学出版社.
东北农业大学. 2001. 兽医临床诊断学实习指导[M]. 北京：中国农业出版社.
东北农业大学. 2001. 兽医临床诊断学[M]. 3版. 北京：中国农业出版社.
朱仰慈, 郑菡萍. 2003. 实用绳结200例[M]. 上海：上海文化出版社.